ESSAI PHILOSOPHIQUE

SUR LES

PROBABILITÉS.

ESSAI PHILOSOPHIQUE

SUR LES

PROBABILITÉS;

PAR

M. LE MARQUIS DE LAPLACE,

Pair de France, Grand-Officier de la Légion-d'Honneur; l'un des quarante de l'Académie française; de l'Académie des Sciences; Membre du Bureau des Longitudes de France, des Sociétés royales de Londres et de Gottingue, des Académies des Sciences de Russie, de Danemarck, de Suède, de Prusse, des Pays-Bas, d'Italie, etc.

CINQUIÈME ÉDITION,

REVUE ET AUGMENTÉE PAR L'AUTEUR.

PARIS,

BACHELIER, SUCCESSEUR DE Mme Ve COURCIER,

LIBRAIRE POUR LES MATHÉMATIQUES,

QUAI DES GRANDS-AUGUSTINS, N° 55.

1825.

TABLE DES MATIÈRES.

Des Illusions dans l'estimation des Probabilités, page 198

Des diverses causes d'illusion.

Un grand nombre de ces causes tiennent aux lois de la Psychologie, ou, ce qui revient au même, de la Physiologie étendue au-delà des limites de la Physiologie visible.

Lois de Psychologie.

Principe de la sympathie.

Principes de l'association des idées.

Modifications du *sensorium* et des impressions intérieures d'un objet, par l'impression souvent répétée du même objet sur plusieurs sens.

Influence réciproque des impressions reçues simultanément par le même sens, ou par des sens différens, ou rappelées par la mémoire.

Le penchant qui nous porte à réaliser les objets de nos impressions tient à un caractère particulier qui distingue ces impressions, des produits de l'imagination et des traces de la mémoire. Ce penchant trompe dans les rêves et dans les visions.

Des somnambules et des visionnaires.

Le penchant qui nous porte à croire à l'existence passée des objets rappelés par la mémoire, tient à un caractère particulier qui distingue ces traces, des produits de l'imagination.

Effets de la mémoire.

Par de fréquentes répétitions, les opérations et les mouvemens du sensorium deviennent faciles et comme naturels.

Effets de cette facilité sur les mœurs et sur les habitudes des peuples.

De la transmission des habitudes, par voie de génération.

Influence de l'attention sur les opérations de l'entendement humain.

Explication des effets des panoramas.

La répétition d'actes pareils à ceux qu'une disposition particulière du sensorium, produirait, peut faire naître cette disposition.

Influence de ce principe sur la croyance.

Comment on peut détruire les illusions qui en résultent.

Les vibrations du sensorium et les mouvemens qu'elles produisent, sont assujettis aux lois de la Dynamique.

FIN DE LA TABLE.

ESSAI PHILOSOPHIQUE

SUR

LES PROBABILITÉS.

Cet Essai philosophique est le développement d'une leçon sur les probabilités, que je donnai en 1795, aux écoles normales où je fus appelé comme professeur de Mathématiques avec Lagrange, par un décret de la Convention nationale. J'ai publié depuis peu sur le même sujet, un ouvrage ayant pour titre : *Théorie analytique des Probabilités*. Je présente ici, sans le secours de l'Analyse, les principes et les résultats généraux de cette théorie, en les appliquant aux questions les plus importantes de la vie, qui ne sont en effet, pour la plupart, que des problèmes de probabilité. On peut même dire, à parler en rigueur, que presque toutes nos connaissances ne sont que probables ; et dans le petit nombre des choses que nous pouvons

savoir avec certitude, dans les sciences mathématiques elles - mêmes, les principaux moyens
de parvenir à la vérité, l'induction et l'analogie
se fondent sur les probabilités ; en sorte que le
système entier des connaissances humaines, se
rattache à la théorie exposée dans cet essai. On
y verra sans doute avec intérêt, qu'en ne considérant même dans les principes éternels de la
raison, de la justice et de l'humanité, que les
chances heureuses qui leur sont constamment
attachées ; il y a un grand avantage à suivre ces
principes, et de graves inconvéniens à s'en écarter : leurs chances, comme celles qui sont favorables aux loteries, finissant toujours par prévaloir au milieu des oscillations du hasard. Je
désire que les réflexions répandues dans cet essai , puissent mériter l'attention des philosophes, et la diriger vers un objet si digne de les
occuper.

De la Probabilité.

Tous les évènemens, ceux mêmes qui par leur
petitesse, semblent ne pas tenir aux grandes
lois de la nature, en sont une suite aussi nécessaire que les révolutions du soleil. Dans l'ignorance des liens qui les unissent au système entier de l'univers, on les a fait dépendre des
causes finales, ou du hasard, suivant qu'ils ar-

rivaient et se succédaient avec régularité , ou sans ordre apparent ; mais ces causes imaginaires ont été successivement reculées avec les bornes de nos connaissances, et disparaissent entièrement devant la saine philosophie, qui ne voit en elles, que l'expression de l'ignorance où nous sommes des véritables causes.

Les évènemens actuels ont, avec les précédens, une liaison fondée sur le principe évident, qu'une chose ne peut pas commencer d'être, sans une cause qui la produise. Cet axiome , connu sous le nom de *principe de la raison suffisante,* s'étend aux actions mêmes que l'on juge indifférentes. La volonté la plus libre ne peut sans un motif déterminant, leur donner naissance ; car si toutes les circonstances de deux positions étant exactement semblables, elle agissait dans l'une et s'abstenait d'agir dans l'autre, son choix serait un effet sans cause : elle serait alors, dit Leibnitz, le hasard aveugle des épicuriens. L'opinion contraire est une illusion de l'esprit qui perdant de vue, les raisons fugitives du choix de la volonté dans les choses indifférentes, se persuade qu'elle s'est déterminée d'elle-même et sans motifs.

Nous devons donc envisager l'état présent de l'univers, comme l'effet de son état antérieur,

et comme la cause de celui qui va suivre. Une
intelligence qui pour un instant donné, connaî-
trait toutes les forces dont la nature est animée,
et la situation respective des êtres qui la composent, si d'ailleurs elle était assez vaste pour soumettre ces données à l'analyse, embrasserait
dans la même formule les mouvemens des plus
grands corps de l'univers et ceux du plus léger
atome : rien ne serait incertain pour elle, et l'a-
venir comme le passé, serait présent à ses yeux.
L'esprit humain offre, dans la perfection qu'il a
su donner à l'Astronomie, une faible esquisse
de cette intelligence. Ses découvertes en Mécanique et en Géométrie, jointes à celle de la pesanteur universelle, l'ont mis à portée de com-
prendre dans les mêmes expressions analytiques,
les états passés et futurs du système du monde.
En appliquant la même méthode à quelques autres objets de ses connaissances, il est parvenu
à ramener à des lois générales, les phénomènes
observés, et à prévoir ceux que des circonstances données doivent faire éclore. Tous ces ef-
forts dans la recherche de la vérité, tendent à
le rapprocher sans cesse de l'intelligence que
nous venons de concevoir, mais dont il restera
toujours infiniment éloigné. Cette tendance
propre à l'espèce humaine, est ce qui la rend su-

périeure aux animaux; et ses progrès en ce genre, distinguent les nations et les siècles, et font leur véritable gloire.

Rappelons-nous qu'autrefois, et à une époque qui n'est pas encore bien reculée, une pluie ou une sécheresse extrême, une comète traînant après elle une queue fort étendue, les éclipses, les aurores boréales et généralement tous les phénomènes extraordinaires étaient regardés comme autant de signes de la colère céleste. On invoquait le ciel pour détourner leur funeste influence. On ne le priait point de suspendre le cours des planètes et du soleil : l'observation eût bientôt fait sentir l'inutilité de ces prières. Mais comme ces phénomènes arrivant et disparaissant à de longs intervalles, semblaient contrarier l'ordre de la nature; on supposait que le ciel irrité par les crimes de la terre, les faisait naître pour annoncer ses vengeances. Ainsi la longue queue de la comète de 1456 répandit la terreur dans l'Europe, déjà consternée par les succès rapides des Turcs qui venaient de renverser le Bas-Empire. Cet astre, après quatre de ses révolutions, a excité parmi nous un intérêt bien différent. La connaissance des lois du système du monde, acquise dans cet intervalle, avait dissipé les craintes enfantées par l'ignorance des vrais rapports de l'homme avec l'univers ; et Halley ayant reconnu l'identité de cette comète, avec celles des années 1531, 1607 et 1682, annonça son retour prochain pour la fin de 1758 ou le commencement de 1759. Le monde savant attendit avec impatience, ce retour qui devait confirmer l'une des plus grandes découvertes que l'on eût faites dans les sciences, et accomplir la prédiction de Sénèque, lorsqu'il a dit, en parlant de la révolution de ces astres qui descendent d'une énorme distance : « Le jour viendra que par une étude suivie, de » plusieurs siècles, les choses actuellement ca- » chées paraîtront avec évidence ; et la posté- » rité s'étonnera que des vérités si claires nous » aient échappé. » Clairaut entreprit alors de soumettre à l'analyse, les perturbations que la comète avait éprouvées par l'action des deux plus grosses planètes, Jupiter et Saturne : après d'immenses calculs, il fixa son prochain passage au périhélie, vers le commencement d'avril 1759, ce que l'observation ne tarda pas à vérifier. La régularité que l'Astronomie nous montre dans le mouvement des comètes, a lieu sans aucun doute, dans tous les phénomènes. La courbe décrite par une simple molécule d'air ou de va - peurs, est réglée d'une manière aussi certaine,

que les orbites planétaires : il n'y a de différences entre elles, que celle qu'y met notre ignorance.

La probabilité est relative en partie à cette
ignorance, en partie à nos connaissances. Nous
savons que sur trois ou un plus grand nombre
d'évènemens, un seul doit arriver; mais rien ne
porte à croire que l'un d'eux arrivera plutôt que
les autres. Dans cet état d'indécision, il nous est
impossible de prononcer avec certitude sur leur
arrivée. Il est cependant probable qu'un de ces
évènemens pris à volonté, n'arrivera pas; parce
que nous voyons plusieurs cas également possibles qui excluent son existence, tandis qu'un seul
la favorise.

La théorie des hasards consiste à réduire tous
les évènemens du même genre, à un certain
nombre de cas également possibles, c'est-à-dire,
tels que nous soyons également indécis sur leur
existence; et à déterminer le nombre de cas favorables à l'évènement dont on cherche la probabilité. Le rapport de ce nombre à celui de tous
les cas possibles, est la mesure de cette probabilité qui n'est ainsi qu'une fraction dont le
numérateur est le nombre des cas favorables, et
dont le dénominateur est le nombre de tous les
cas possibles.

La notion précédente de la probabilité suppose qu'en faisant croître dans le même rapport, le nombre des cas favorables, et celui de tous les cas possibles, la probabilité reste la même. Pour s'en convaincre, que l'on considère deux urnes A et B, dont la première contienne quatre boules blanches et deux noires, et dont la seconde ne renferme que deux boules blanches et une noire. On peut imaginer les deux boules noires de la première urne, attachées à un fil qui se rompt au moment où l'on saisit l'une d'elles pour l'extraire, et les quatre boules blanches formant deux systèmes semblables. Toutes les chances qui feront saisir l'une des boules du système noir, amèneront une boule noire. Si l'on conçoit maintenant que les fils qui unissent les boules, ne se rompent point; il est clair que le nombre des chances possibles ne changera pas, non plus que celui des chances favorables à l'extraction des boules noires; seulement, on tirera de l'urne, deux boules à la fois; la probabilité d'extraire. une boule noire de l'urne, sera donc la même qu'auparavant. Mais alors, on a évidemment le cas de l'urne B, avec la seule différence, que les trois boules de cette dernière urne, soient remplacées par trois systèmes de deux boules invariablement unies.

Quand tous les cas sont favorables à un évènement, sa probabilité se change en certitude ,
et son expression devient égale à l'unité. Sous
ce rapport, la certitude et la probabilité sont
comparables, quoiqu'il y ait une différence es-
sentielle entre les deux états de l'esprit, lorsqu'une vérité lui est rigoureusement démontrée,
ou lorsqu'il aperçoit encore une petite source
d'erreur.

Dans les choses qui ne sont que vraisembla-
bles, la différence des données que chaque homme
a sur elles, est une des causes principales de la
diversité des opinions que l'on voit régner sur
les mêmes objets. Supposons, par exemple, que
l'on ait trois urnes A, B, C, dont une ne contienne que des boules noires, tandis que les deux
autres ne renferment que des boules blanches :
on doit tirer une boule de l'urne C, et l'on demande la probabilité que cette boule sera noire.
Si l'on ignore quelle est celle des trois urnes,
qui ne renferme que des boules noires, en sorte
que l'on n'ait aucune raison de croire qu'elle
est plutôt C, que B ou A; ces trois hypothèses
paraîtront également possibles; et, comme une
boule noire ne peut être extraite que dans la
première hypothèse, la probabilité de l'extraire
est égale à un tiers. Si l'on sait que l'urne A ne

contient que des boules blanches, l'indécision
ne porte plus alors que sur les urnes B et C, et
la probabilité que la boule extraite de l'urne C
sera noire, est un demi. Enfin, cette probabilité se change en certitude, si l'on est assuré que
les urnes A et B ne contiennent que des boules
blanches.

C'est ainsi que le même fait, récité devant
une nombreuse assemblée, obtient divers degrés de croyance, suivant l'étendue des connaissances des auditeurs. Si l'homme qui le rapporte, en est intimement persuadé, et si, par
son état et par son caractère, il inspire une
grande confiance ; son récit, quelque extraordinaire qu'il soit, aura, pour les auditeurs
dépourvus de lumières, le même degré de vraisemblance, qu'un fait ordinaire rapporté par
le même homme, et ils lui ajouteront une foi
entière. Cependant si quelqu'un d'eux sait que
le même fait est rejeté par d'autres hommes
également respectables, il sera dans le doute ;
et le fait sera jugé faux par les auditeurs éclairés qui le trouveront contraire, soit à des faits
bien avérés, soit aux lois immuables de la nature.

C'est à l'influence de l'opinion de ceux que la
multitude juge les plus instruits, et à qui elle a

coutume de donner sa confiance sur les plus importans objets de la vie, qu'est due la propagation de ces erreurs qui, dans les temps d'ignorance, ont couvert la face du monde. La Magie
et l'Astrologie nous en offrent deux grands exemples. Ces erreurs inculquées dès l'enfance, adop-
tées sans examen, et n'ayant pour base que la
croyance universelle, se sont maintenues pendant très long – temps ; jusqu'à ce qu'enfin le
progrès des sciences les ait détruites dans l'esprit des hommes éclairés dont ensuite l'opinion
les a fait disparaître chez le peuple même, par
le pouvoir de l'imitation et de l'habitude, qui
les avait si généralement répandues. Ce pouvoir, le plus puissant ressort du monde moral,
établit et conserve dans toute une nation, des
idées entièrement contraires à celles qu'il main-
tient ailleurs avec le même empire. Quelle in-
dulgence ne devons-nous donc pas avoir pour
les opinions différentes des nôtres ; puisque cette
différence ne dépend souvent que des points de
vue divers où les circonstances nous ont placés !
Éclairons ceux que nous ne jugeons pas suffisamment instruits ; mais auparavant, examinons
sévèrement nos propres opinions, et pesons avec
impartialité leurs probabilités respectives.

La différence des opinions dépend encore de

la manière dont on détermine l'influence des
données qui sont connues. La théorie des probabilités tient à des considérations si délicates;
qu'il n'est pas surprenant qu'avec les mêmes données, deux personnes trouvent des résultats différens, surtout dans les questions très compliquées. Exposons ici les principes généraux de
cette Théorie.

Principes généraux du Calcul des Probabilités.

Ier Principe.　Le premier de ces principes est la définition
même de la probabilité qui, comme on l'a vu,
est le rapport du nombre des cas favorables à
celui de tous les cas possibles.

IIe Principe.　Mais cela suppose les divers cas, également
possibles. S'ils ne le sont pas, on déterminera
d'abord leurs possibilités respectives dont la
juste appréciation est un des points les plus dé-
licats de la théorie des hasards. Alors la probabilité sera la somme des possibilités de chaque
cas favorable. Éclaircissons ce principe par un
exemple.

Supposons que l'on projette en l'air une pièce
large et très mince dont les deux grandes faces
opposées, que nous nommerons *croix* et *pile ,*
soient parfaitement semblables. Cherchons la

probabilité d'amener *croix*, une fois au moins
en deux coups. Il est clair qu'il peut arriver
quatre cas également possibles, savoir, *croix* au
premier et au second coup ; *croix* au premier
coup et *pile* au second ; *pile* au premier coup et
croix au second ; enfin pile aux deux coups.
Les trois premiers cas sont favorables à l'évènement dont on cherche la probabilité qui, par
conséquent, est égale à $\frac{3}{4}$; en sorte qu'il y a trois
contre un à parier que croix arrivera au moins
une fois en deux coups.

On peut ne compter à ce jeu, que trois cas
différens, savoir : *croix* au premier coup, ce
qui dispense d'en jouer un second ; *pile* au premier coup et *croix* au second ; enfin *pile* au premier et au second coup. Cela réduirait la probabilité à $\frac{2}{3}$, si l'on considérait avec d'Alembert,
ces trois cas, comme également possibles. Mais
il est visible que la probabilité d'amener *croix*
au premier coup est $\frac{1}{2}$, tandis que celle des deux
autres cas est $\frac{1}{4}$; le premier cas étant un évènement simple qui correspond aux deux évène-
mens composés, *croix* au premier et au second
coup, et *croix* au premier coup, *pile* au second. Maintenant, si conformément au second
principe, on ajoute la possibilité $\frac{1}{2}$ de *croix* au
premier coup, à la possibilité $\frac{1}{4}$ de *pile* arri-

vant au premier coup et *croix* au second , on aura $\frac{3}{4}$ pour la probabilité cherchée , ce qui s'accorde avec ce que l'on trouve dans la supposition où l'on joue les deux coups. Cette supposition ne change point le sort de celui qui parie pour cet évènement : elle sert seulement à réduire les divers cas, à des cas également possibles.

IIIe Principe.   Un des points les plus importans de la Théorie des Probabilités , et celui qui prête le plus aux illusions, est la manière dont les probabilités augmentent ou diminuent par leurs combinaisons mutuelles. Si les évènemens sont indépendans les uns des autres; la probabilité de l'existence de leur ensemble , est le produit de leurs probabilités particulières. Ainsi la probabilité d'amener un as avec un seul dé , étant un sixième ; celle d'amener deux as en projetant deux dés à la fois, est un trente – sixième. En effet, chacune des faces de l'un , pouvant se combiner avec les six faces de l'autre ; il y a trente-six cas également possibles, parmi lesquels un seul donne les deux as. Généralement, la probabilité qu'un évènement simple dans les mêmes circonstances, arrivera de suite, un nombre donné de fois, est égale à la probabilité de cet évènement simple, élevée à une puissance indiquée par ce nombre. Ainsi les puissances successives d'une fraction moindre que l'unité, diminuant sans cesse ; un évènement qui dépend d'une suite de probabilités fort grandes, peut devenir extrêmement peu vraisemblable. Supposons qu'un fait nous soit transmis par vingt témoins, de manière que le premier l'ait transmis au second, le second au troisième, et ainsi de suite. Supposons encore que la probabilité de chaque témoignage soit égale à $\frac{9}{10}$: celle du fait, résultante des témoignages, sera moindre qu'un huitième. On ne peut mieux comparer cette diminution de la probabilité, qu'à l'extinction de la clarté des objets, par l'interposition de plusieurs morceaux de verre ; un nombre de morceaux peu considérable, suffisant pour dérober la vue d'un objet qu'un seul morceau laisse apercevoir d'une manière distincte. Les historiens ne paraissent pas avoir fait assez d'attention à cette dégradation de la probabilité des faits, lorsqu'ils sont vus à travers un grand nombre de générations successives : plusieurs évènemens historiques, réputés certains, seraient au moins douteux, si on les soumettait à cette épreuve.

Dans les sciences purement mathématiques, les conséquences les plus éloignées participent de la certitude du principe dont elles dérivent. Dans les applications de l'Analyse à la Physique, les conséquences ont toute la certitude des faits ou des expériences. Mais dans les sciences morales, où chaque conséquence n'est déduite de ce qui la précède, que d'une manière vraisemblable; quelque probables que soient ces déductions, la chance de l'erreur croît avec leur nombre, et finit par surpasser la chance de la vérité, dans les conséquences très éloignées du principe.

IVᵉ Principe. Quand deux évènemens dépendent l'un de l'autre, la probabilité de l'évènement composé est le produit de la probabilité du premier évènement, par la probabilité que cet évènement étant arrivé, l'autre arrivera. Ainsi, dans le cas précédent de trois urnes A, B, C, dont deux ne contiennent que des boules blanches et dont une ne renferme que des boules noires; la probabilité de tirer une boule blanche de l'urne C est $\frac{2}{3}$; puisque sur trois urnes, deux ne contiennent que des boules de cette couleur. Mais lorsqu'on a extrait une boule blanche, de l'urne C, l'indécision relative à celle des urnes qui ne renferment que des boules noires, ne portant plus que sur les urnes A et B; la probabilité d'extraire une boule blanche, de l'urne

B est $\frac{1}{2}$, le produit de $\frac{2}{3}$ par $\frac{1}{2}$, ou $\frac{1}{3}$ est donc la probabilité d'extraire à la fois des urnes B et C, deux boules blanches. En effet, il est nécessaire pour cela, que l'urne A soit celle des trois urnes, qui contient des boules noires ; et la probabilité de ce cas est évidemment $\frac{1}{3}$.

On voit par cet exemple, l'influence des évènemens passés sur la probabilité des évènemens futurs. Car la probabilité d'extraire une boule blanche de l'urne B, qui primitivement est $\frac{2}{3}$, devient $\frac{1}{2}$, lorsqu'on a extrait une boule blanche de l'urne C : elle se changerait en certitude, si l'on avait extrait une boule noire de la même urne. On déterminera cette influence, au moyen du principe suivant qui est un corollaire du précédent.

Si l'on calcule *à priori*, la probabilité de l'évè- Ve Principe nement arrivé, et la probabilité d'un évènement composé de celui-ci et d'un autre qu'on attend ; la seconde probabilité divisée par la première, sera la probabilité de l'évènement attendu, tirée de l'évènement observé.

Ici se présente la question agitée par quelques philosophes , touchant l'influence du passé sur la probabilité de l'avenir. Supposons qu'au jeu de *croix* ou *pile*, *croix* soit arrivé plus souvent que *pile* : par cela seul, nous serons portés à croire que dans la constitution de la pièce, il existe une cause constante qui le favorise. Ainsi, dans la conduite de la vie, le bonheur constant est une preuve d'habileté, qui doit faire employer de préférence les personnes heureuses. Mais si par l'instabilité des circonstances, nous sommes ramenés sans cesse, à l'état d'une indécision absolue; si, par exemple, on change de pièce à chaque coup, au jeu de *croix* ou *pile;* le passé ne peut répandre aucune lumière sur l'avenir, et il serait absurde d'en tenir compte.

VIe Principe. Chacune des causes auxquelles un évènement observé peut être attribué, est indiquée avec d'autant plus de vraisemblance, qu'il est plus probable que cette cause étant supposée exister, l'évènement aura lieu; la probabilité de l'existence d'une quelconque de ces causes, est donc une fraction dont le numérateur est la probabilité de l'évènement, résultante de cette cause, et dont le dénominateur est la somme des probabilités semblables relatives à toutes les causes : si ces diverses causes considérées *à priori,* sont inégalement probables; il faut au lieu de la probabilité de l'évènement, résultante de chaque cause, employer le produit de cette probabilité, par la possibilité de la cause elle-même. C'est le principe fondamental de cette branche de l'Analyse des hasards, qui consiste à remonter des évènemens aux causes.

Ce principe donne la raison pour laquelle on attribue les évènemens réguliers, à une cause particulière. Quelques philosophes ont pensé que ces évènemens sont moins possibles que les autres, et qu'au jeu de *croix* ou *pile*, par exemple, la combinaison dans laquelle *croix* arrive vingt fois de suite, est moins facile à la nature, que celles où *croix* et *pile* sont entremêlés d'une façon irrégulière. Mais cette opinion suppose que les évènemens passés influent sur la possibilité des évènemens futurs, ce qui n'est point admissible. Les combinaisons régulières n'arrivent plus rarement, que parce qu'elles sont moins nombreuses. Si nous recherchons une cause, là où nous apercevons de la symétrie ; ce n'est pas que nous regardions un évènement symétrique, comme moins possible que les autres ; mais cet évènement devant être l'effet d'une cause régulière, ou celui du hasard, la première de ces suppositions est plus probable que la seconde. Nous voyons sur une table, des caractères d'imprimerie disposés dans cet ordre, *Constantinople;* et nous jugeons que cet arrangement n'est pas l'effet du hasard, non parce qu'il est moins possible que les autres, puisque si ce mot n'était employé dans aucune langue, nous ne lui soupçonnerions point de cause particulière; mais ce mot étant en usage parmi nous, il est incomparablement plus probable qu'une personne aura disposé ainsi les caractères précédens, qu'il ne l'est que cet arrangement est dû au hasard.

C'est ici le lieu de définir le mot *extraordinaire*. Nous rangeons par la pensée, tous les évènemens possibles, en diverses classes; et nous regardons comme *extraordinaires*, ceux des classes qui en comprennent un très petit nombre. Ainsi, au jeu de *croix* ou *pile*, l'arrivée de *croix* cent fois de suite, nous paraît extraordinaire; parce que le nombre presque infini des combinaisons qui peuvent arriver en cent coups, étant partagé en séries régulières ou dans lesquelles nous voyons régner un ordre facile à saisir, et en séries irrégulières; celles – ci sont incomparablement plus nombreuses. La sortie d'une boule blanche, d'une urne qui, sur un million de boules, n'en contient qu'une seule de cette couleur, les autres étant noires, nous paraît encore extraordinaire; parce que nous ne formons que deux classes d'évènemens, relatives aux deux couleurs. Mais la sortie du

n° 475813, par exemple, d'une urne qui renferme un million de numéros, nous semble un
évènement ordinaire ; parce que comparant individuellement les numéros, les uns aux autres,
sans les partager en classes, nous n'avons aucune raison de croire que l'un d'eux sortira plutôt que les autres.

De ce qui précède, nous devons généralement
conclure que plus un fait est extraordinaire, plus
il a besoin d'être appuyé de fortes preuves. Car
ceux qui l'attestent, pouvant ou tromper, ou
avoir été trompés; ces deux causes sont d'autant
plus probables, que la réalité du fait l'est moins
en elle - même. C'est ce que l'on verra particulièrement, lorsque nous parlerons de la probabilité des témoignages.

La probabilité d'un évènement futur est la VIIe Principe.
somme des produits de la probabilité de chaque
cause, tirée de l'évènement observé, par la probabilité que cette cause existant, l'évènement
futur aura lieu. L'exemple suivant éclaircira ce
principe.

Imaginons une urne qui ne renferme que deux
boules dont chacune soit ou blanche, ou noire.
On extrait une de ces boules, que l'on remet ensuite dans l'urne, pour procéder à un nouveau
tirage. Supposons que dans les deux premiers ti-

rages, on ait amené des boules blanches; on demande la probabilité d'amener encore une boule
blanche au troisième tirage.

On ne peut faire ici que ces deux hypothèses:
ou l'une des boules est blanche, et l'autre, noire;
ou toutes deux sont blanches. Dans la première
hypothèse, la probabilité de l'évènement ob-
servé est $\frac{1}{4}$: elle est l'unité ou la certitude dans
la seconde. Ainsi, en regardant ces hypothèses,
comme autant de causes; on aura pour le sixième
principe, $\frac{1}{5}$ et $\frac{4}{5}$ pour leurs probabilités respectives. Or, si la première hypothèse a lieu, la
probabilité d'extraire une boule blanche au troisième tirage est $\frac{1}{2}$: elle égale l'unité, dans la seconde hypothèse; en multipliant donc ces der-
nières probabilités, par celles des hypothèses
correspondantes; la somme des produits, ou $\frac{9}{10}$
sera la probabilité d'extraire une boule blanche
au troisième tirage.

Quand la probabilité d'un évènement simple
est inconnue, on peut lui supposer également
toutes les valeurs depuis zéro jusqu'à l'unité.
La probabilité de chacune de ces hypothèses,
tirée de l'évènement observé, est par le sixième
principe, une fraction dont le numérateur est
la probabilité de l'évènement dans cette hypothèse, et dont le dénominateur est la somme

des probabilités semblables relatives à toutes les
hypothèses. Ainsi la probabilité que la possibilité de l'évènement est comprise dans des limites données, est la somme des fractions comprises dans ces limites. Maintenant, si l'on
multiplie chaque fraction, par la probabilité de
l'évènement futur, déterminée dans l'hypothèse
correspondante ; la somme des produits relatifs
à toutes les hypothèses sera par le septième
principe, la probabilité de l'évènement futur,
tirée de l'évènement observé. On trouve ainsi
qu'un évènement étant arrivé de suite , un
nombre quelconque de fois ; la probabilité qu'il
arrivera encore la fois suivante, est égale à
ce nombre augmenté de l'unité, divisé par le
même nombre augmenté de deux unités. En faisant, par exemple , remonter la plus ancienne
époque de l'histoire , à cinq mille ans , ou à
1826213 jours, et le soleil s'étant levé constamment dans cet intervalle, à chaque révolution
de vingt-quatre heures ; il y a 1826214 à parier
contre un, qu'il se lèvera encore demain. Mais
ce nombre est incomparablement plus fort pour
celui qui connaissant par l'ensemble des phénomènes, le principe régulateur des jours et des
saisons, voit que rien dans le moment actuel, ne
peut en arrêter le cours.

Buffon, dans son Arithmétique politique, calcule différemment la probabilité précédente. Il suppose qu'elle ne diffère de l'unité, que d'une fraction dont le numérateur est l'unité, et dont le dénominateur est le nombre deux élevé à une puissance égale au nombre des jours écoulés depuis l'époque. Mais la vraie manière de remonter des évènemens passés, à la probabilité des causes et des évènemens futurs, était inconnue à cet illustre écrivain.

De l'Espérance.

La probabilité des évènemens sert à déterminer l'espérance ou la crainte des personnes intéressées à leur existence. Le mot *espérance* a diverses acceptions : il exprime généralement l'avantage de celui qui attend un bien quelconque, dans des suppositions qui ne sont que probables. Cet avantage, dans la théorie des hasards, est le produit de la somme espérée, par la probabilité de l'obtenir : c'est la somme partielle qui doit revenir lorsqu'on ne veut pas courir les risques de l'évènement, en supposant que la répartition se fasse proportionnellement aux probabilités. Cette répartition est la seule équitable, lorsqu'on fait abstraction de toutes circonstances étrangères ; parce qu'un égal degré de probabilité, donne un droit égal sur la somme espérée. Nous nommerons cet avantage, *espérance mathématique.*

Lorsque l'avantage dépend de plusieurs évè-VIII^e^Principe. nemens; on l'obtient, en prenant la somme des produits de la probabilité de chaque évènement, par le bien attaché à son arrivée.

Appliquons ce principe à des exemples. Supposons qu'au jeu de *croix* ou *pile*, Paul reçoive deux francs, s'il amène *croix* au premier coup, et cinq francs, s'il ne l'amène qu'au second. En multipliant deux francs, par la probabilité $\frac{1}{2}$ du premier cas, et cinq francs, par la probabilité $\frac{1}{4}$ du second cas; la somme des produits, ou deux francs et un quart sera l'avantage de Paul. C'est la somme qu'il doit donner d'avance à celui qui lui a fait cet avantage ; car pour l'égalité du jeu, la mise doit être égale à l'avantage qu'il procure.

Si Paul reçoit deux francs, en amenant *croix* au premier coup, et cinq francs en l'amenant au second coup, dans le cas même où il l'aurait amené au premier; alors la probabilité d'amener *croix* au second coup, étant $\frac{1}{2}$; en multipliant deux francs et cinq francs par $\frac{1}{2}$, la somme de ces produits, donnera trois francs et demi pour l'avantage de Paul, et par conséquent pour sa mise au jeu.

IXe Principe. Dans une série d'évènemens probables, dont les uns produisent un bien, et les autres, une perte ; on aura l'avantage qui en résulte, en faisant une somme des produits de la probabilité de chaque évènement favorable, par le bien qu'il procure ; et en retranchant de cette somme, celle des produits de la probabilité de chaque évènement défavorable, par la perte qui y est attachée. Si la seconde somme l'emporte sur la première, le bénéfice devient perte, et l'espérance se change en crainte.

On doit toujours, dans la conduite de la vie, faire en sorte d'égaler au moins, le produit du bien que l'on espère, par sa probabilité, au produit semblable relatif à la perte. Mais il est nécessaire pour y parvenir, d'apprécier exactement les avantages, les pertes, et leurs probabilités respectives. Il faut pour cela, une grande justesse d'esprit, un tact délicat, et une grande expérience des choses : il faut savoir se garantir des préjugés, des illusions de la crainte et de l'espérance, et de ces fausses idées de fortune et de bonheur, dont la plupart des hommes bercent leur amour-propre.

L'application des principes précédens, à la

question suivante, a beaucoup exercé les géomètres. Paul joue à *croix* ou *pile*, avec la condition de recevoir, deux francs, s'il amène *croix*
au premier coup; quatre francs, s'il ne l'amène
qu'au second; huit francs, s'il ne l'amène qu'au
troisième, et ainsi de suite. Sa mise au jeu doit
être, par le huitième principe, égale au nombre
des coups; en sorte que si la partie continue à
l'infini, la mise doit être infinie. Cependant,
aucun homme raisonnable ne voudrait exposer
à ce jeu, une somme même modique, cinquante
francs, par exemple. D'où vient cette différence
entre le résultat du calcul, et l'indication du
sens commun? On reconnut bientôt, qu'elle tenait à ce que l'avantage moral qu'un bien nous
procure, n'est pas proportionnel à ce bien, et
qu'il dépend de mille circonstances souvent très
difficiles à définir, mais dont la plus générale
et la plus importante est celle de la fortune. En
effet, il est visible qu'un franc a beaucoup plus
de prix pour celui qui n'en a que cent, que pour
un millionnaire. On doit donc distinguer dans
le bien espéré, sa valeur absolue de sa valeur
relative : celle-ci se règle sur les motifs qui le
font désirer; au lieu que la première en est indépendante. On ne peut donner de principe général, pour apprécier cette valeur relative. En

voici cependant un proposé par Daniel Bernouilli, et qui peut servir dans beaucoup de
cas.

Xe Principe. La valeur relative d'une somme infiniment
petite, est égale à sa valeur absolue divisée par
le bien total de la personne intéressée. Cela suppose que tout homme a un bien quelconque
dont la valeur ne peut jamais être supposée
nulle. En effet, celui même qui ne possède rien,
donne toujours au produit de son travail et à
ses espérances, une valeur au moins égale à
ce qui lui est rigoureusement nécessaire pour
vivre.

Si l'on applique l'analyse, au principe que
nous venons d'exposer ; on obtient la règle suivante.

En désignant par l'unité, la partie de la fortune d'un individu, indépendante de ses expectatives ; si l'on détermine les diverses valeurs
que cette fortune peut recevoir en vertu de ces
expectatives, et leurs probabilités ; le produit
de ces valeurs élevées respectivement aux puissances indiquées par ces probabilités, sera la
fortune physique qui procurerait à l'individu, le
même avantage moral qu'il reçoit de la partie
de sa fortune, prise pour unité, et de ses expectatives ; en retranchant donc l'unité, de ce

produit; la différence sera l'accroissement de la fortune physique, dû aux expectatives : nous nommerons cet accroissement, *espérance morale*. Il est facile de voir qu'elle coïncide avec l'espérance mathématique, lorsque la fortune prise pour unité, devient infinie par rapport aux variations qu'elle reçoit des expectatives. Mais lorsque ces variations sont une partie sensible de cette unité, les deux espérances peuvent différer très sensiblement entre elles.

Cette règle conduit à des résultats conformes aux indications du sens commun, que l'on peut par ce moyen, apprécier avec quelque exactitude. Ainsi dans la question précédente, on trouve que si la fortune de Paul est de deux cents francs; il ne doit pas raisonnablement mettre au jeu, plus de neuf francs. La même règle conduit encore à répartir le danger, sur plusieurs parties d'un bien que l'on attend, plutôt que d'exposer ce bien tout entier au même danger. Il en résulte pareillement qu'au jeu le plus égal, la perte est toujours relativement plus grande que le gain. En supposant par exemple, qu'un joueur ayant une fortune de cent francs, en expose cinquante au jeu de *croix* ou *pile;* sa fortune après sa mise au jeu, sera réduite à quatre-vingt-sept francs, c'est-à-dire que cette dernière somme procurerait au joueur le même avantage moral, que l'état de sa fortune après sa mise. Le jeu est donc désavantageux, dans le cas même où la mise est égale au produit de la somme espérée, par sa probabilité. On peut juger par là de l'immoralité des jeux dans lesquels la somme espérée est au-dessous de ce produit. Ils ne subsistent que par les faux raisonnemens et par la cupidité qu'ils fomentent, et qui portant le peuple à sacrifier son nécessaire, à des espérances chimériques dont il est hors d'état d'apprécier l'invraisemblance, sont la source d'une infinité de maux.

Le désavantage des jeux, l'avantage de ne pas exposer au même danger, tout le bien qu'on attend, et tous les résultats semblables indiqués par le bon sens, subsistent, quelle que soit la fonction de la fortune physique qui, pour chaque individu, exprime sa fortune morale. Il suffit que le rapport de l'accroissement de cette fonction à l'accroissement de la fortune physique, diminue à mesure que celle-ci augmente.

Des méthodes analytiques du Calcul des Probabilités.

L'application des principes que nous venons d'exposer, aux diverses questions de probabilité, exige des méthodes dont la recherche a donné naissance à plusieurs branches de l'Analyse, et spécialement à la théorie des combinaisons, et au calcul des différences finies.

Si l'on forme le produit des binomes, l'unité plus une première lettre, l'unité plus une seconde lettre, l'unité plus une troisième lettre, et ainsi de suite, jusqu'à n lettres ; en retranchant l'unité, de ce produit développé, on aura la somme des combinaisons de toutes ces lettres prises une à une, deux à deux, trois à trois, etc. ; chaque combinaison ayant l'unité, pour coefficient. Pour avoir le nombre des combinaisons de ces n lettres prises s à s, on observera que si l'on suppose ces lettres égales entre elles, le produit précédent deviendra la puissance n du binome, un plus la première lettre ; ainsi le nombre des combinaisons des n lettres prises s à s, sera le coefficient de la puissance s de la première lettre, dans le développement de ce binome ; on aura donc ce nombre, par la formule connue du binome.

On aura égard à la situation respective des lettres dans chaque combinaison, en observant que si l'on joint une seconde lettre à la première, on peut la placer au premier et au second rang ; ce qui donne deux combinaisons. Si l'on joint à ces combinaisons, une troisième lettre, on peut lui donner dans chaque combinaison, le premier, le second et le troisième rang ; ce qui forme trois combinaisons relatives à chacune des deux autres ; en tout, six combinaisons. De là il est facile de conclure que le nombre des arrangemens dont s lettres sont susceptibles, est le produit des nombres depuis l'unité jusqu'à s ; il faut donc pour avoir égard à la situation respective des lettres, multiplier par ce produit, le nombre des combinaisons des n lettres prises s à s ; ce qui revient à supprimer le dénominateur, du coefficient du terme du binome, qui exprime ce nombre.

Imaginons une lotterie composée de n numéros dont r sortent à chaque tirage : on demande la probabilité de la sortie de s numéros donnés dans un tirage. Pour y parvenir, on formera une fraction dont le dénominateur sera le nombre de tous les cas possibles, ou des combinaisons des n numéros pris r à r, et dont le numérateur sera le nombre de toutes ces combinaisons qui contiennent les s numéros donnés. Ce dernier nombre est évidemment celui des combinaisons des autres numéros pris n moins s à n moins s. Cette fraction sera la probabilité demandée, et l'on trouvera facilement qu'elle se réduit à une fraction dont le numérateur est le nombre des combinaisons de r numéros pris s à s, et dont le dénominateur est le nombre des combinaisons des n numéros pris semblablement s à s. Ainsi ; dans la loterie de France, formée, comme on sait, de 90 numéros dont cinq sortent à chaque tirage ; la probabilité de la sortie d'un extrait donné est $\frac{5}{90}$ ou $\frac{1}{18}$; la loterie devrait donc alors pour l'égalité du jeu, rendre dix-huit fois la mise. Le nombre total des combinaisons deux à deux, de 90 numéros est 4005, et celui des combinaisons deux à deux, de cinq numéros, est dix. La probabilité de la sortie d'un ambe donné est donc $\frac{1}{400,5}$ et la loterie devrait rendre alors quatre cents fois et demie, la mise : elle devrait la rendre 11748 fois pour un terne, 511038 fois pour un quaterne, et 43949268 fois pour un quine. La loterie est loin de faire aux joueurs, ces avantages.

Supposons dans une urne, a boules blanches et b boules noires, et qu'après en avoir extrait

une boule, on la remette dans l'urne ; on demande la probabilité que dans le nombre n de
tirages, on amènera m boules blanches et n moins
m boules noires. Il est clair que le nombre de
cas qui peuvent arriver à chaque tirage est a plus
b. Chaque cas du second tirage, pouvant se combiner avec tous les cas du premier ; le nombre
de cas possibles en deux tirages, est le carré du
binome, a plus b. Dans le développement de ce
carré, le carré de a exprime le nombre des cas
dans lesquels on amène deux fois une boule
blanche ; le double produit de a par b, exprime
le nombre des cas dans lesquels une boule blanche et une boule noire sont amenées ; enfin le
carré de b exprime le nombre des cas dans lesquels on amène deux boules noires. En continuant ainsi, on voit généralement que la puissance n du binome a plus b, exprime le nombre
de tous les cas possibles dans n tirages ; et que
dans le développement de cette puissance, le
terme multiplié par la puissance m de a, exprime le nombre des cas dans lesquels on peut
amener m boules blanches, et n moins m boules
noires. En divisant donc ce terme par la puissance entière du binome, on aura la probabilité
d'amener m boules blanches et n moins m boules
noires. Le rapport des nombres a, et a plus b,

étant la probabilité d'amener une boule blanche dans un tirage ; et le rapport des nombres b, et a plus b, étant la probabilité d'amener une boule noire ; si l'on nomme p et q ces probabilités, la probabilité d'amener m boules blanches, dans n tirages, sera le terme multiplié par la puissance m de p, dans le développement de la puissance n du binome p plus q : on peut observer que la somme p plus q est l'unité. Cette propriété remarquable du binome, est très utile dans la théorie des probabilités.

Mais la méthode la plus générale et la plus directe, pour résoudre les questions de probabilité, consiste à les faire dépendre d'équations aux différences. En comparant les états successifs de la fonction qui exprime la probabilité, lorsque l'on fait croître les variables, de leurs différences respectives ; la question proposée fournit souvent un rapport très simple entre ces états. Ce rapport est ce que l'on nomme *équation aux différences ordinaires, ou partielles ;* ordinaires, lorsqu'il n'y a qu'une variable ; partielles, lorsqu'il y en a plusieurs. Donnons-en quelques exemples.

Trois joueurs dont les forces sont supposées les mêmes, jouent ensemble aux conditions suivantes. Celui des deux premiers joueurs, qui

gagne son adversaire, joue avec le troisième, et
s'il le gagne, la partie est finie. S'il est vaincu,
le vainqueur joue avec l'autre, et ainsi de suite,
jusqu'à ce que l'un des joueurs ait gagné consé-
cutivement les deux autres, ce qui termine la
partie : on demande la probabilité que la partie
sera finie dans un nombre quelconque n de
coups. Cherchons d'abord la probabilité qu'elle
finira précisément au coup n. Pour cela, le joueur
qui gagne, doit entrer au jeu, au coup n moins
un, et le gagner ainsi que le coup suivant. Mais
si au lieu de gagner le coup n moins un, il était
vaincu par son adversaire ; celui-ci venant de
gagner l'autre joueur, la partie finirait à ce coup.
Ainsi la probabilité qu'un des joueurs entrera
au jeu, au coup n moins un, et le gagnera, est
égale à celle que la partie finira précisément à
ce coup ; et comme ce joueur doit gagner le
coup suivant, pour que la partie se termine au
coup n ; la probabilité de ce dernier cas, ne sera
qu'un demi de la précédente. Cette probabilité
est évidemment une fonction du nombre n ;
cette fonction est donc égale à la moitié de la
même fonction, lorsqu'on y diminue n, de l'u-
nité. Cette égalité forme une de ces équations que
l'on nomme *équations aux différences finies ordinaires.*

On peut déterminer facilement à son moyen, la probabilité que la partie finira précisément à un coup quelconque. Il est visible que la partie ne peut finir au plus tôt, qu'au second coup; et pour cela, il est nécessaire que celui des deux premiers joueurs qui a gagné son adversaire, gagne au second coup, le troisième joueur; la probabilité que la partie finira à ce coup, est donc $\frac{1}{2}$. De là, en vertu de l'équation précédente, on conclut que les probabilités successives de la fin de la partie, sont $\frac{1}{4}$ pour le troisième coup, $\frac{1}{8}$ pour le quatrième, etc.; et généralement $\frac{1}{2}$ élevé à la puissance, n moins un, pour le n^{ieme} coup. La somme de toutes ces puissances de $\frac{1}{2}$ est l'unité moins la dernière de ces puissances; c'est la probabilité que la partie sera terminée, au plus tard, dans n coups.

Considérons encore le premier problème un peu difficile, que l'on ait résolu sur les probabilités et que Pascal proposa de résoudre, à Fermat. Deux joueurs A et B, dont les adresses sont égales, jouent ensemble avec la condition que celui qui le premier, aura vaincu l'autre un nombre donné de fois, gagnera la partie, et emportera la somme des mises au jeu : après quelques coups, les joueurs conviennent de se retirer sans avoir terminé la partie; on demande

de quelle manière, cette somme doit être parta-
gée entre eux. Il est visible que les parts doivent
être proportionnelles aux probabilités respectives de gagner la partie; la question se réduit
donc à déterminer ces probabilités. Elles dépendent évidemment des nombres de points qui
manquent à chaque joueur pour atteindre le
nombre donné. Ainsi la probabilité de A est une
fonction de ces deux nombres que nous nommerons *indices*. Si les deux joueurs convenaient
de jouer un coup de plus (convention qui ne
change point leur sort, pourvu qu'après ce nouveau coup, le partage se fasse toujours proportionnellement aux nouvelles probabilités de gagner la partie); alors, ou A gagnerait ce coup,
et dans ce cas, le nombre des points qui lui
manquent, serait diminué d'une unité; ou le
joueur B le gagnerait, et dans ce cas, le nombre
des points manquans à ce dernier joueur deviendrait moindre d'une unité. Mais la probabilité de chacun de ces cas est $\frac{1}{2}$; la fonction cherchée est donc égale à la moitié de cette fonction,
dans laquelle on diminue de l'unité, le premier
indice; plus à la moitié de la même fonction
dans laquelle le second indice est diminué de
l'unité. Cette égalité est une de ces équations que
l'on nomme *équations aux différences partielles*.

On peut déterminer à son moyen, les probabilités de A, en partant des plus petits nombres,
et en observant que la probabilité ou la fonction
qui l'exprime est égale à l'unité, lorsqu'il ne
manque aucun point au joueur A, ou lorsque le
premier indice est nul; et que cette fonction devient nulle, avec le second indice. En supposant
ainsi qu'il ne manque qu'un point, au joueur A ;
on trouve que sa probabilité est $\frac{1}{2}$, $\frac{3}{4}$, $\frac{7}{8}$, etc.,
suivant qu'il manque à B, un point, ou deux,
ou trois, etc. Généralement, elle est alors
l'unité, moins la puissance de $\frac{1}{2}$ égale au nombre des points qui manquent à B. On suppo-
sera ensuite qu'il manque deux points au joueur
A, et l'on trouvera sa probabilité égale à $\frac{1}{4}$, $\frac{1}{2}$,
$\frac{11}{16}$, etc., suivant qu'il manque à B, un point,
ou deux, ou trois, etc. On supposera encore
qu'il manque trois points au joueur A, et ainsi
de suite.

Cette manière d'obtenir les valeurs successives d'une quantité, au moyen de son équation
aux différences, est longue et pénible. Les géomètres ont cherché des méthodes pour avoir la
fonction générale des indices, qui satisfait à cette
équation, en sorte que l'on n'ait besoin pour
chaque cas particulier, que de substituer dans
cette fonction, les valeurs correspondantes des

indices. Considérons cet objet, d'une manière générale. Pour cela, concevons une suite de termes disposés sur une ligne horizontale, et tels que chacun d'eux dérive des précédens, suivant une loi donnée. Supposons cette loi exprimée par une équation entre plusieurs termes consécutifs, et leur indice ou le nombre qui indique le rang qu'ils occupent dans la série. Cette équation est ce que je nomme *équation aux différences finies à un seul indice.* L'ordre ou le degré de cette équation est la différence du rang de ses deux termes extrêmes. On peut à son moyen, déterminer successivement les termes de la série, et la continuer indéfiniment ; mais il faut pour cela, connaître un nombre de termes de la série, égal au degré de l'équation. Ces termes sont les constantes arbitraires de l'expression du terme général de la série, ou de l'intégrale de l'équation aux différences.

Concevons maintenant, au-dessus des termes de la série précédente, une seconde série de termes disposés horizontalement ; concevons encore au-dessus des termes de la seconde série, une troisième série horizontale, et ainsi de suite à l'infini ; et supposons les termes de toutes ces séries, liés par une équation générale entre plusieurs termes consécutifs, pris tant dans le sens

horizontal, que dans le sens vertical, et les nombres qui indiquent leur rang dans les deux
sens. Cette équation est ce que je nomme *équation aux différences finies partielles à deux indices*.

Concevons pareillement au-dessus du plan
des séries précédentes, un second plan de séries
semblables dont les termes soient placés respectivement au-dessus de ceux du premier plan :
concevons ensuite au-dessus de ce second plan,
un troisième plan de séries semblables, et ainsi à
l'infini : supposons tous les termes de ces séries,
liés par une équation entre plusieurs termes consécutifs, pris dans les sens de la longueur, de la
largeur et de la profondeur, et les trois nombres qui indiquent leur rang dans ces trois sens.
Cette équation est ce que je nomme *équation
aux différences finies partielles à trois indices*.

Enfin, en considérant la chose, d'une manière
abstraite et indépendante des dimensions de l'espace, concevons généralement un système de
grandeurs qui soient fonctions d'un nombre quelconque d'indices, et supposons entre ces grandeurs, leurs différences relatives à ces indices,
et les indices eux-mêmes, autant d'équations
qu'il y a de ces grandeurs; ces équations seront

aux différences finies partielles à un nombre quelconque d'indices.

On peut à leur moyen, déterminer successivement ces grandeurs. Mais de même que l'équation à un seul indice exige pour cela, que l'on connaisse un certain nombre de termes de la série; de même l'équation à deux indices exige que l'on connaisse une ou plusieurs lignes de séries dont les termes généraux puissent être exprimés, chacun par une fonction arbitraire d'un des indices. Pareillement, l'équation à trois indices exige que l'on connaisse un ou plusieurs plans de séries dont les termes généraux puissent être exprimés, chacun par une fonction arbitraire de deux indices ; ainsi de suite. Dans tous ces cas, on pourra par des éliminations successives, déterminer un terme quelconque des séries. Mais toutes les équations entre lesquelles on élimine, étant comprises dans un même système d'équations; toutes les expressions des termes successifs que l'on obtient par ces éliminations doivent être comprises dans une expression générale, fonction des indices qui déterminent le rang du terme. Cette expression est l'intégrale de l'équation proposée aux différences, et sa recherche est l'objet du Calcul intégral.

Taylor est le premier qui dans son ouvrage

intitulé *Methodus incrementorum*, ait considéré
les équations linéaires aux différences finies. Il
y donne la manière d'intégrer celles du premier
ordre, avec un coefficient et un dernier terme,
fonctions de l'indice. A la vérité, les relations
des termes des progressions arithmétiques et géométriques que l'on a considérées de tout temps,
sont les cas les plus simples des équations linéaires aux différences; mais on ne les avait pas
envisagées sous ce point de vue, l'un de ceux
qui se rattachant à des théories générales, conduisent à ces théories, et sont par là de véritables découvertes.

Vers le même temps, Moivre considéra sous
la dénomination de *suites récurrentes*, les équations aux différences finies d'un ordre quelconque, à coefficiens constans. Il parvint à les intégrer d'une manière très ingénieuse. Comme il
est toujours intéressant de suivre la marche des
inventeurs, je vais exposer celle de Moivre, en
l'appliquant à une suite récurrente dont la relation entre trois termes consécutifs est donnée.
D'abord, il considère la relation entre les termes
consécutifs d'une progression géométrique, ou
l'équation à deux termes, qui l'exprime. En la
rapportant aux termes inférieurs d'une unité,
il la multiplie dans cet état par un facteur con-

stant, et il retranche le produit, de l'équation primitive. Par là, il obtient une équation entre trois termes consécutifs de la progression géométrique. Moivre considère ensuite une seconde progression dont la raison des termes est le facteur même qu'il vient d'employer. Il diminue pareillement d'une unité, l'indice des termes de l'équation de cette nouvelle progression : dans cet état, il la multiplie par la raison des termes de la première progression, et il retranche le produit, de l'équation de la seconde progression, ce qui lui donne entre trois termes consécutifs de cette progression, une relation entièrement semblable à celle qu'il a trouvée pour la première progression. Puis il observe que si l'on ajoute terme à terme, les deux progressions ; la même relation subsiste entre trois quelconques de ces sommes consécutives. Il compare les coefficiens de cette relation, à ceux de la relation des termes de la suite récurrente proposée, et il trouve pour déterminer les raisons des deux progressions géométriques, une équation du second degré, dont les racines sont ces raisons. Par là, Moivre décompose la suite récurrente, en deux progressions géométriques multipliées, chacune par une constante arbitraire qu'il détermine au moyen des deux premiers termes de la suite récurrente. Ce procédé ingénieux est au fond celui que d'Alembert a depuis employé pour l'intégration des équations linéaires aux différences infiniment petites à coefficiens constans, et que Lagrange a transporté aux équations semblables à différences finies.

Ensuite, j'ai considéré les équations linéaires aux différences partielles finies, d'abord sous la dénomination de *suites récurro-récurrentes*, et après, sous leur dénomination propre. La manière la plus générale et la plus simple d'intégrer toutes ces équations, me paraît être celle que j'ai fondée sur la considération des fonctions génératrices dont voici l'idée.

Si l'on conçoit une fonction V d'une variable t, développée suivant les puissances de cette variable ; le coefficient de l'une quelconque de ces puissances, sera une fonction de l'exposant ou indice de cette puissance, indice que je désignerai par x. V est ce que je nomme fonction génératrice de ce coefficient, ou de la fonction de l'indice.

Maintenant, si l'on multiplie la série du développement de V, par une fonction de la même variable, telle, par exemple, que l'unité plus deux fois cette variable ; le produit sera une nouvelle fonction génératrice dans laquelle le coefficient de la puissance x de la variable t sera égal au coefficient de la même puissance dans V, plus au double du coefficient de la puissance inférieure d'une unité. Ainsi la fonction de l'indice x, dans le produit, égalera la fonction de l'indice x dans V, plus le double de cette même fonction dans laquelle l'indice est diminué de l'unité. Cette fonction de l'indice x, est ainsi une dérivée de la fonction du même indice dans le développement de V, fonction que je nommerai *fonction primitive* de l'indice. Désignons la fonction dérivée, par la caractéristique δ placée devant la fonction primitive. La dérivation indiquée par cette caractéristique dépendra du multiplicateur de V, que nous nommerons T, et que nous supposerons développé, comme V, par rapport aux puissances de la variable t.

Si l'on multiplie de nouveau par T, le produit de V par T, ce qui revient à multiplier V par le carré de T; on formera une troisième fonction génératrice dans laquelle le coefficient de la puissance x de t, sera une dérivée semblable du coefficient correspondant du produit précédent; on pourra donc l'exprimer par la même caractéristique δ, placée devant la dérivée précédente; et alors cette caractéristique sera deux fois écrite devant la fonction primitive de x. Mais au lieu de l'écrire ainsi deux fois, on lui donne pour exposant le nombre 2.

En continuant ainsi, on voit généralement que si l'on multiplie V par la puissance n de T; on aura le coefficient de la puissance x de t, dans le produit de V par la puissance n de T, en plaçant devant la fonction primitive, la caractéristique δ avec n pour exposant.

Supposons, par exemple, que T soit l'unité divisée par t; alors dans le produit de V par T, le coefficient de la puissance x de t, sera le coefficient de la puissance supérieure d'une unité dans V; ce coefficient dans le produit de V par la puissance n de T sera donc la fonction primitive dans laquelle x est augmenté de n unités.

Considérons maintenant une nouvelle fonction Z de t, développée, comme V et T, suivant les puissances de t : désignons par la caractéristique Δ placée devant la fonction primitive, le coefficient de la puissance x de t, dans le produit de V par Z; ce coefficient, dans le produit de V par la puissance n de Z, sera exprimé par la caractéristique Δ affectée de l'exposant n, et placée devant la fonction primitive de x.

Si, par exemple, Z est égal à l'unité divisée

par t, moins un ; le coefficient de la puissance x de t dans le produit de V par Z sera le coefficient de la puissance x plus un de t dans V, moins le coefficient de la puissance x. Il sera donc la différence finie de la fonction primitive de l'indice x. Alors la caractéristique Δ indique une différence finie de la fonction primitive, dans le cas où l'indice varie de l'unité ; et la puissance n de cette caractéristique, placée devant la fonction primitive, indiquera la différence finie n^{ieme} de cette fonction. Si l'on suppose que T soit l'unité divisée par t ; on aura T égal au binome, Z plus un. Le produit de V par la puissance n de T sera donc égal au produit de V par la puissance de n du binome, Z plus un. En développant cette puissance par rapport aux puissances de Z ; les produits de V par les divers termes de ce développement seront les fonctions génératrices de ces mêmes termes, dans lesquels on substitue, au lieu des puissances de Z, les différences finies correspondantes de la fonction primitive de l'indice.

Maintenant le produit de V par la puissance n de T est la fonction primitive, dans laquelle l'indice x est augmentée de n unités ; en repassant donc des fonctions génératrices à leurs coefficiens, on aura cette fonction primitive ainsi augmentée, égale au développement de la puissance n du binome, Z plus un ; pourvu que dans ce développement on substitue, au lieu des puissances de Z, les différences correspondantes de la fonction primitive, et que l'on multiplie le terme indépendant de ces puissances, par la fonction primitive. On aura ainsi la fonction primitive dont l'indice est augmenté d'un nombre quelconque n, au moyen de ses différences.

En supposant toujours à T et à Z les valeurs précédentes, on aura Z égal au binome, T moins un ; le produit de V par la puissance n de Z, sera donc égal au produit de V par le développement de la puissance n du binome, T moins un. En repassant des fonctions génératrices à leurs coefficiens, comme on vient de le faire ; on aura la différence n^{ieme} de la fonction primitive, exprimée par le développement de la puissance n du binome, T moins un, dans lequel on substitue aux puissances de T, cette même fonction dont l'indice est augmenté de l'exposant de la puissance, et au terme indépendant de t et qui est l'unité, la fonction primitive : ce qui donne cette différence au moyen des termes consécutifs de cette fonction.

δ placé devant la fonction primitive, exprimant la dérivée de cette fonction, qui multiplie la puissance x de t dans le produit de V par T, et Δ exprimant la même dérivée dans le produit de V par Z ; on est conduit, par ce qui précède, à ce résultat général : quelles que soient les fonctions de la variable t, représentées par T et Z ; on peut dans le développement de toutes les équations identiques, susceptibles d'être formées entre ces fonctions, substituer les caractéristiques δ et Δ, au lieu de T et de Z, pourvu que l'on écrive la fonction primitive de l'indice à la suite des puissances et des produits de puissances des caractéristiques ; et que l'on multiplie par cette fonction, les termes indépendans de ces caractéristiques.

On peut, au moyen de ce résultat général, transformer une puissance quelconque d'une différence de la fonction primitive de l'indice x, dans laquelle x varie d'une unité, en une série de différences de la même fonction, dans lesquelles x varie d'un nombre quelconque d'unités, et réciproquement. Supposons en effet, que T soit la puissance i de l'unité divisée par t, moins un, et que Z soit toujours l'unité divisée par t, moins un ; alors le coefficient de la puissance x de t, dans le produit de V par T, sera le coefficient de la puissance x plus i de t dans

V , moins le coefficient de la puissance x de t ;
il sera donc la différence finie de la fonction
primitive de l'indice x, dans laquelle on fait
varier cet indice, du nombre i. Il est facile de
voir que T est égal à la différence entre la
puissance i du binome, Z plus un, et l'unité ;
la puissance n de T est donc égale à la puissance n de cette différence. Si, dans cette égalité, on substitue au lieu de T et de Z les caractéristiques δ et Δ, et qu'après le développement,
on place à la fin de chaque terme la fonction
primitive de l'indice x; on aura la différence
n^{ieme} de cette fonction, dans laquelle x varie de
i unités, exprimée par une suite de différences
de la même fonction, dans laquelle x varie
d'une unité. Cette suite n'est qu'une transformation de la différence qu'elle exprime, et qui lui
est identique ; mais c'est dans de semblables
transformations que réside le pouvoir de l'a-
nalyse.

La généralité de l'analyse permet de supposer
dans cette expression, n négatif. Alors les puissances négatives de δ et de Δ indiquent des intégrales. En effet, la différence n^{ieme} de la fonction
primitive, ayant pour fonction génératrice le
produit de V par la puissance n du binome, un
divisé par t, moins l'unité ; la fonction primitive

qui est l'intégrale $n^{ième}$ de cette différence, a pour fonction génératrice celle de la même différence, multipliée par la puissance n prise en moins du binome, un divisé par t, moins l'unité, puissance à laquelle répond la même puissance de la caractéristique Δ; cette puissance indique donc une intégrale du même ordre, l'indice x variant de l'unité; et les puissances négatives de δ indiquent également des intégrales, x variant de i unités. On voit ainsi de la manière la plus claire et la plus simple, la raison de l'analogie observée entre les puissances positives et les différences, et entre les puissances négatives et les intégrales.

Si la fonction indiquée par la caractéristique δ placée devant la fonction primitive, est nulle; on aura une équation aux différences finies, et V sera la fonction génératrice de son intégrale. Pour avoir cette fonction génératrice, on observera que dans le produit de V par T, toutes les puissances de t doivent disparaître, excepté les puissances inférieures à l'ordre de l'équation aux différences; V est donc égal à une fraction dont T est le dénominateur, et dont le numérateur est un polynome dans lequel la puissance la plus élevée de t est moindre d'une unité, que l'ordre de l'équation aux différences. Les coefficiens arbitraires des diverses puissances de t dans ce polynome, en y comprenant la puissance zéro, seront déterminés par autant de valeurs de la fonction primitive de l'indice, lorsqu'on y fait successivement x égal à zéro, à l'unité, à deux, etc. Quand l'équation aux différences est donnée, on détermine T en mettant tous ses termes dans le premier membre, et zéro dans le second; en substituant dans le premier membre, l'unité au lieu de la fonction qui a le plus grand indice; la première puissance de t au lieu de la fonction primitive dans laquelle cet indice est diminué d'une unité; la seconde puissance de t, à la fonction primitive où cet indice est diminué de deux unités, et ainsi de suite. Le coefficient de la puissance x de t, dans le développement de l'expression précédente de V sera la fonction primitive de x, ou l'intégrale de l'équation aux différences finies. L'analyse fournit pour ce développement, divers moyens parmi lesquels on peut choisir celui qui est le plus propre à la question proposée; ce qui est un avantage de cette méthode d'intégration.

Concevons maintenant que V soit une fonction des deux variables t et t', développée suivant les puissances et les produits de ces variables;

le coefficient d'un produit quelconque des puissances x et x' de t et de t', sera une fonction des exposans ou indices x et x' de ces puissances; fonction que je nommerai *fonction primitive*, et dont V est la fonction génératrice.

Multiplions V par une fonction T des deux variables t et t', développée, comme V, par rapport aux puissances et aux produits de ces variables; le produit sera la fonction génératrice d'une dérivée de la fonction primitive : si T, par exemple, est égal à la variable t, plus à la variable t', moins deux; cette dérivée sera la fonction primitive dont on diminue de l'unité l'indice x, plus cette même fonction primitive dont on diminue de l'unité l'indice x', moins deux fois la fonction primitive. En désignant, quel que soit T, par la caractéristique δ placée devant la fonction primitive, cette dérivée; le produit de V par la puissance n de T sera la fonction génératrice de la dérivée de la fonction primitive, devant laquelle on place la puissance n de la caractéristique δ. De là résultent des théorèmes analogues à ceux qui sont relatifs aux fonctions d'une seule variable.

Supposons que la fonction indiquée par la caractéristique δ soit zéro; on aura une équation aux différences partielles : si, par exemple, on fait, comme ci-dessus, T égal à la variable t, plus à la variable t', moins deux; on a, zéro égal à la fonction primitive dont on diminue de l'unité l'indice x, plus la même fonction dont on diminue de l'unité l'indice x', moins deux fois la fonction primitive. La fonction génératrice V de cette fonction primitive ou de l'intégrale de cette équation, doit donc être telle que son produit par T ne renferme point les produits de t par t'; mais V peut renfermer séparément les puissances de t, et celles de t', c'est-à-dire une fonction arbitraire de t, et une fonction arbitraire de t'; V est donc une fraction, dont le numérateur est la somme de ces deux fonctions arbitraires, et dont T est le dénominateur. Le coefficient du produit de la puissance x de t, par la puissance x' de t', dans le développement de cette fraction, sera donc l'intégrale de l'équation précédente aux différences partielles. Cette méthode d'intégrer ce genre d'équations me paraît être la plus simple et la plus facile, par l'emploi des divers procédés analytiques pour le développement des fractions rationnelles.

De plus amples détails sur cette matière, seraient difficilement entendus sans le secours du calcul.

En considérant les équations aux différences partielles infiniment petites comme des équations aux différences partielles finies, dans lesquelles rien n'est négligé; on peut éclaircir les points obscurs de leur calcul, qui ont été le sujet de grandes discussions parmi les géomètres. C'est ainsi que j'ai démontré la possibilité d'introduire des fonctions discontinues dans leurs intégrales, pourvu que la discontinuité n'ait lieu que pour les différentielles de l'ordre de ces équations, ou d'un ordre supérieur. Les résultats transcendans du calcul sont comme toutes les abstractions de l'entendement, des signes généraux dont on ne peut connaître la véritable étendue, qu'en remontant par l'analyse métaphysique aux idées élémentaires qui y ont conduit : ce qui présente souvent de grandes difficultés; car l'esprit humain en éprouve moins encore à se porter en avant, qu'à se replier sur lui-même.

La comparaison des différences infiniment petites avec les différences finies peut semblablement répandre un grand jour sur la métaphysique du calcul infinitésimal.

On prouve facilement que la différence finie n^{ieme} d'une fonction, dans laquelle l'accroissement de la variable est E, étant divisée par la puissance n de E; le quotient réduit en série par rapport aux puissances de l'accroissement E, est formé d'un premier terme indépendant de E. A mesure que E diminue, la série approche de plus en plus de ce premier terme, dont elle peut ainsi ne différer que de quantités moindres que toute grandeur assignable. Ce terme est donc la limite de la série, et il exprime dans le calcul différentiel la différence infiniment petite n^{ieme} de la fonction, divisée par la puissance n de l'accroissement infiniment petit.

En considérant sous ce point de vue les différences infiniment petites, on voit que les diverses opérations du calcul différentiel reviennent à comparer séparément dans le développement d'expressions identiques, les termes finis ou indépendans des accroissemens des variables que l'on regarde comme infiniment petits ; ce qui est rigoureusement exact, ces accroissemens étant indéterminés. Ainsi le calcul différentiel a toute l'exactitude des autres opérations algébriques.

La même exactitude a lieu dans les applications du calcul différentiel à la Géométrie et à la Mécanique. Si l'on conçoit une courbe coupée par une sécante dans deux points voisins ; en nommant E l'intervalle des ordonnées de ces deux points, E sera l'accroissement de l'abscisse

depuis la première jusqu'à la seconde ordonnée.
Il est facile de voir que l'accroissement correspondant de l'ordonnée sera le produit de E par
la première ordonnée divisée par sa sous – sécante : en augmentant donc dans l'équation de
la courbe, la première ordonnée, de cet accroissement ; on aura l'équation relative à la seconde
ordonnée : la différence de ces deux équations
sera une troisième équation qui développée par
rapport aux puissances de E, et divisée par E,
aura son premier terme indépendant de E,
et qui sera la limite de ce développement. Ce
terme égalé à zéro donnera donc la limite des
sous - sécantes, limite qui est évidemment la
sous-tangente.

Cette manière singulièrement heureuse d'obtenir les sous-tangentes est due à Fermat qui l'a
étendue aux courbes transcendantes. Ce grand
géomètre exprime par la caractéristique E, l'accroissement de l'abscisse ; et en ne considérant
que la première puissance de cet accroissement,
il détermine exactement comme on le fait par le
Calcul différentiel, les sous-tangentes des courbes,
leurs points d'inflexion, les *maxima* et *minima*
de leurs ordonnées, et généralement ceux des
fonctions rationnelles. On voit même, par sa
belle solution du problème de la réfraction de la

lumière, insérée dans le Recueil des Lettres de Descartes, qu'il savait étendre sa méthode aux fonctions irrationnelles, en se débarrassant des irrationnalités, par l'élévation des radicaux aux puissances. On doit donc regarder Fermat comme le véritable inventeur du Calcul différentiel. Newton a depuis rendu ce Calcul plus analytique, dans sa Méthode des Fluxions ; et il en a simplifié et généralisé les procédés, par son beau théorème du binome. Enfin, presqu'en même temps, Leibnitz a enrichi le Calcul différentiel, d'une notation qui en indiquant le passage du fini à l'infiniment petit, réunit à l'avantage d'exprimer les résultats généraux de ce calcul, celui de donner les premières valeurs approchées des différences et des sommes des quantités ; notation qui s'est adaptée d'elle-même au calcul des différentielles partielles.

On est souvent conduit à des expressions qui contiennent tant de termes et de facteurs, que les substitutions numériques y sont impraticables. C'est ce qui a lieu dans les questions de probabilité, lorsque l'on considère un grand nombre d'évènemens. Cependant, il importe alors d'avoir la valeur numérique des formules, pour connaître avec quelle probabilité, les résultats que les évènemens développent en se multipliant, sont indiqués. Il importe surtout d'avoir la loi suivant laquelle cette probabilité approche sans cesse de la certitude qu'elle finirait par atteindre, si le nombre des évènemens devenait infini. Pour y parvenir, je considérai que les intégrales définies de différentielles multipliées par des facteurs élevés à de grandes puissances, donnaient par l'intégration, des formules composées d'un grand nombre de termes et de facteurs. Cette remarque me fit naître l'idée de transformer dans de semblables intégrales, les expressions compliquées de l'analyse, et les intégrales des équations aux différences. J'ai rempli cet objet, par une méthode qui donne à la fois, la fonction comprise sous le signe intégral, et les limites de l'intégration. Elle offre cela de remarquable, savoir que cette fonction est la fonction même génératrice des expressions et des équations proposées ; ce qui rattache cette méthode, à la théorie des fonctions génératrices dont elle est ainsi le complément. Il ne s'agissait plus ensuite, que de réduire l'intégrale définie, en série convergente. C'est ce que j'ai obtenu par un procédé qui fait converger la série, avec d'autant plus de rapidité, que la formule qu'elle représente, est plus compliquée ; en sorte qu'il est d'autant plus exact, qu'il devient plus néces-

saire. Le plus souvent, la série a pour facteur,
la racine carrée du rapport de la circonférence
au diamètre : quelquefois, elle dépend d'autres
transcendantes dont le nombre est infini.

Une remarque importante qui tient à la grande
généralité de l'Analyse, et qui permet d'étendre
cette méthode, aux formules et aux équations à
différences, que la théorie des probabilités présente le plus fréquemment, est que les séries
auxquelles on parvient en supposant réelles et
positives, les limites des intégrales définies, ont
également lieu dans le cas où l'équation qui détermine ces limites, n'a que des racines négatives ou imaginaires. Ces passages du positif au
négatif, et du réel à l'imaginaire, dont j'ai le
premier fait usage, m'ont conduit encore aux valeurs de plusieurs intégrales définies singulières,
que j'ai ensuite démontrées directement. On
peut donc considérer ces passages, comme un
moyen de découverte, pareil à l'induction et à
l'analogie employées depuis long-temps par les
géomètres, d'abord avec une extrême réserve,
ensuite avec une entière confiance ; un grand
nombre d'exemples en ayant justifié l'emploi.
Cependant il est toujours nécessaire de confirmer par des démonstrations directes, les résultats obtenus par ces divers moyens.

J'ai nommé *Calcul des fonctions génératrices,* l'ensemble des méthodes précédentes : ce calcul sert de fondement à l'ouvrage que j'ai publié sous ce titre, *Théorie analytique des Probabilités.* Il se rattache à l'idée simple d'indiquer les multiplications répétées d'une quantité par elle-même, ou ses puissances entières et positives, en écrivant vers le haut de la lettre qui l'exprime, les nombres qui marquent les degrés de ces puissances. Cette notation employée par Descartes dans sa Géométrie, et généralement adoptée depuis la publication de cet important ouvrage, est peu de chose, surtout quand on la compare à la théorie des courbes et des fonctions variables, par laquelle ce grand Géomètre a posé les fondemens des calculs modernes. Mais la langue de l'Analyse, la plus parfaite de toutes, étant par elle-même, un puissant instrument de découvertes; ses notations, lorsqu'elles sont nécessaires et heureusement imaginées, sont autant de germes de nouveaux calculs. C'est ce que cet exemple rend sensible.

Wallis qui, dans son ouvrage intitulé *Arithmetica infinitorum,* l'un de ceux qui ont le plus contribué aux progrès de l'Analyse, s'est attaché spécialement à suivre le fil de l'induction et de l'analogie, considéra que si l'on divise l'expo-

sant d'une lettre , par deux , trois, etc.; le quotient sera suivant la notation cartésienne , et
lorsque la division est possible , l'exposant de
la racine carrée, cubique, etc. , de la quantité
que représente la lettre élevée à l'exposant dividende. En étendant par analogie , ce résultat au
cas où la division n'est pas possible ; il considéra
une quantité élevée à un exposant fractionnaire,
comme la racine du degré indiqué par le dénominateur de cette fraction , de la quantité élevée à la puissance indiquée par le numérateur.
Il observa ensuite, que suivant la notation cartésienne , la multiplication de deux puissances
d'une même lettre, revient à ajouter leurs exposans , et que leur division revient à soustraire
l'exposant de la puissance diviseur , de celui de
la puissance dividende , lorsque le second de ces
exposans surpasse le premier. Wallis étendit ce
résultat, au cas où le premier exposant égale ou
surpasse le second ; ce qui rend la différence,
nulle ou négative. Il supposa donc qu'un exposant négatif indique l'unité divisée par la quantité élevée au même exposant pris positivement.
Ces remarques le conduisirent à intégrer généralement les différentielles monomes ; d'où il
conclut les intégrales définies d'un genre particulier de différentielles binomes dont l'exposant

est un nombre entier positif. En observant ensuite la loi des nombres qui expriment ces intégrales; une série d'interpolations et d'inductions heureuses où l'on aperçoit le germe du
calcul des intégrales définies, qui a tant exercé
les géomètres, et l'une des bases de ma nouvelle
Théorie des Probabilités, lui donna le rapport
de la surface du cercle au carré de son diamètre,
exprimé par un produit infini qui, lorsqu'on
l'arrête, resserre ce rapport dans des limites de
plus en plus rapprochées; résultat l'un des plus
singuliers de l'Analyse. Mais il est remarquable
que Wallis qui avait si bien considéré les exposans fractionnaires des puissances radicales, ait
continué de noter ces puissances, comme on
l'avait fait avant lui. Newton, si je ne me trompe,
employa, le premier, dans ses Lettres à Oldem-
bourg, la notation de ces puissances, par des exposans fractionnaires. En comparant par la voie
de l'induction dont Wallis avait fait un si bel
usage, les exposans des puissances du binome,
avec les coefficiens des termes de son développe-
pement, dans le cas où cet exposant est entier
et positif; il détermina la loi de ces coefficiens,
et il l'étendit par analogie, aux puissances fractionnaires et négatives. Ces divers résultats fondés sur la notation de Descartes, montrent son

influence sur les progrès de l'Analyse. Elle a encore l'avantage de donner l'idée la plus simple et la plus juste des logarithmes qui ne sont en effet, que les exposans d'une grandeur dont les puissances successives, en croissant par degrés infiniment petits, peuvent représenter tous les nombres.

Mais l'extension la plus importante que cette notation ait reçue, est celle des exposans variables ; ce qui constitue le calcul exponentiel, l'une des branches les plus fécondes de l'Analyse moderne. Leibnitz a indiqué, le premier, les transcendantes à exposans variables, et par-là, il a complété le système des élémens dont une fonction finie peut être composée ; car toute fonction finie explicite d'une variable, se réduit en dernière analyse, à des grandeurs simples, combinées par voie d'addition, de soustraction, de multiplication et de division, et élevées à des puissances constantes ou variables. Les racines des équations formées de ces élémens, sont des fonctions implicites de la variable. C'est ainsi qu'une variable ayant pour logarithme, l'exposant de la puissance qui lui est égale dans la série des puissances du nombre dont le logarithme hyperbolique est l'unité ; le logarithme d'une variable, en est une fonction implicite.

5

Leibnitz imagina de donner à sa caractéristique différentielle, les mêmes exposans qu'aux
grandeurs; mais alors, ces exposans, au lieu d'indiquer les multiplications répétées d'une même
grandeur, indiquent les différentiations répétées
d'une même fonction. Cette extension nouvelle
de la notation cartésienne, conduisit Leibnitz à
l'analogie des puissances positives avec les différentielles, et des puissances négatives avec les
intégrales. Lagrange a suivi cette analogie singulière, dans tous ses développemens; et par une
suite d'inductions, qui peut être regardée comme
une des plus belles applications que l'on ait faites
de la méthode d'induction, il est parvenu à des
formules générales aussi curieuses qu'utiles, sur
les transformations des différences et des intégrales les unes dans les autres, lorsque les variables ont des accroissemens finis divers, et
lorsque ces accroissemens sont infiniment petits.
Mais il n'en a point donné les démonstrations
qu'il jugeait difficiles. La théorie des fonctions
génératrices étend à des caractéristiques quelconques, la notation cartésienne : elle montre
avec évidence, l'analogie des puissances et des
opérations indiquées par ces caractéristiques; en
sorte qu'elle peut encore être envisagée comme
le calcul exponentiel des caractéristiques. Tout

ce qui concerne les séries et l'intégration des équations aux différences, en découle avec une extrême facilité.

APPLICATIONS DU CALCUL DES PROBABILITÉS.

Des jeux.

Les combinaisons que les jeux présentent, ont été l'objet des premières recherches sur les probabilités. Dans l'infinie variété de ces combinaisons, plusieurs d'entre elles se prêtent avec facilité au calcul : d'autres exigent des calculs plus difficiles ; et les difficultés croissant à mesure que les combinaisons deviennent plus compliquées, le désir de les surmonter et la curiosité ont excité les géomètres à perfectionner de plus en plus, ce genre d'analyse. On a vu précédemment que l'on pouvait facilement déterminer par la théorie des combinaisons, les bénéfices d'une loterie. Mais il est plus difficile de savoir en combien de tirages on peut parier un contre un, par exemple, que tous les numéros seront sortis. n étant le nombre des numéros, r celui des numéros sortans à chaque tirage, et i le nombre inconnu de tirages ; l'expression de la probabilité de la sortie de tous les numéros,

5..

dépend de la différence finie n^{ieme} de la puissance i d'un produit de r nombres consécutifs. Lorsque le nombre n est considérable, la recherche de la valeur de i, qui rend cette probabilité égale à $\frac{1}{2}$, devient impossible, à moins qu'on ne convertisse cette différence, dans une série très convergente. C'est ce que l'on fait heureusement par la méthode ci-dessus indiquée pour les approximations des fonctions de très grands nombres. On trouve ainsi que la loterie étant composée de dix mille numéros dont un seul sort à chaque tirage; il y a du désavantage à parier un contre un, que tous les numéros sortiront dans 95767 tirages, et de l'avantage à faire le même pari pour 95768 tirages. A la loterie de France, ce pari est désavantageux pour 85 tirages, et avantageux pour 86 tirages.

Considérons encore deux joueurs A et B jouant ensemble à *croix* ou *pile*, de manière qu'à chaque coup, si *croix* arrive, A donne un jeton à B qui lui en donne un, si *pile* arrive : le nombre des jetons de B est limité; celui des jetons de A est illimité; et la partie ne doit finir que lorsque B n'aura plus de jetons. On demande en combien de coups, on peut parier un contre un, que la partie sera terminée. L'expression de la probabilité que la partie sera terminée dans un nombre i de coups, est donnée par une suite qui renferme un grand nombre de termes et de facteurs, si le nombre des jetons de B est considérable ; la recherche de la valeur de l'inconnue i qui rend cette suite égale à $\frac{1}{2}$, serait donc alors impossible, si l'on ne parvenait pas à réduire la suite dans une série très convergente. En lui appliquant la méthode dont on vient de parler, on trouve une expression fort simple de l'inconnue, de laquelle il résulte que si, par exemple, B a cent jetons; il y a un peu moins d'un contre un à parier que la partie sera finie en 23780 coups, et un peu plus d'un contre un à parier qu'elle sera finie dans 23781 coups.

Ces deux exemples joints à ceux que nous avons déjà donnés, suffisent pour faire voir comment les problèmes sur les jeux ont pu contribuer à la perfection de l'Analyse.

Des inégalités inconnues qui peuvent exister entre les chances que l'on suppose égales.

Les inégalités de ce genre ont sur les résultats du calcul des probabilités, une influence sensible qui mérite une attention particulière. Considérons le jeu de *croix* ou *pile*, et supposons qu'il soit également facile d'amener l'une ou

l'autre face de la pièce. Alors la probabilité d'a-
mener *croix* au premier coup est $\frac{1}{2}$, et celle de
l'amener deux fois de suite, est $\frac{1}{4}$. Mais s'il existe
dans la pièce, une inégalité qui fasse paraître
une des faces plutôt que l'autre, sans que l'on
connaisse quelle est la face favorisée par cette
inégalité; la probabilité d'amener *croix* au premier coup sera toujours $\frac{1}{2}$; parce que dans l'ignorance où l'on est de la face que cette inégalité
favorise, autant la probabilité de l'évènement
simple est augmentée, si cette inégalité lui est favorable, autant elle est diminuée, si l'inégalité
lui est contraire. Mais dans cette ignorance
même, la probabilité d'amener *croix* deux fois
de suite, est augmentée. En effet, cette probabilité est celle d'amener *croix* au premier coup,
multipliée par la probabilité que l'ayant amené
au premier coup, on l'amènera au second; or
son arrivée au premier coup est un motif de
croire que l'inégalité de la pièce le favorise; l'i-
négalité inconnue augmente donc alors la probabilité d'amener *croix* au second coup; elle
accroît par conséquent le produit des deux probabilités. Pour soumettre cet objet au calcul,
supposons que cette inégalité augmente d'un
vingtième, la probabilité de l'évènement simple
qu'elle favorise. Si cet évènement est *croix*, sa

probabilité sera $\frac{1}{2}$ plus $\frac{1}{20}$ ou $\frac{11}{20}$, et la probabilité de l'amener deux fois de suite, sera le carré de $\frac{11}{20}$ ou $\frac{121}{400}$. Si l'évènement favorisé est *pile*, la probabilité de *croix* sera $\frac{1}{2}$ moins $\frac{1}{20}$ ou $\frac{9}{20}$, et la probabilité de l'amener deux fois de suite sera $\frac{81}{400}$. Comme on n'a d'avance, aucune raison de croire que l'inégalité favorise l'un de ces évènemens plutôt que l'autre; il est clair que pour avoir la probabilité de l'évènement composé *croix croix*, il faut ajouter les deux probabilités précédentes, et prendre la moitié de leur somme; ce qui donne $\frac{101}{400}$ pour cette probabilité qui surpasse $\frac{1}{4}$, de $\frac{1}{400}$ ou du carré de l'accroissement $\frac{1}{20}$ que l'inégalité ajoute à la possibilité de l'évènement qu'elle favorise. La probabilité d'amener *pile pile* est pareillement $\frac{101}{400}$; mais les probabilités d'amener *croix pile*, ou *pile croix* ne sont chacune, que $\frac{99}{400}$; car la somme de ces quatre probabilités, doit égaler la certitude ou l'unité. On trouve ainsi généralement que les causes constantes et inconnues qui favorisent les évènemens simples que l'on juge également possibles, accroissent toujours la probabilité de la répétition d'un même évènement simple.

Dans un nombre pair de coups, *croix* et *pile* doivent arriver tous deux, ou un nombre pair ou un nombre impair de fois. La probabilité de

chacun de ces cas est $\frac{1}{2}$, si les possibilités des
deux faces sont égales ; mais s'il existe entre
elles, une inégalité inconnue, cette inégalité est
toujours favorable au premier cas.

Deux joueurs dont on suppose les adresses
égales, jouent avec les conditions qu'à chaque
coup, celui qui perd, donne un jeton à son adversaire, et que la partie dure, jusqu'à ce que l'un
des joueurs n'ait plus de jetons. Le calcul des
probabilités nous montre que pour l'égalité du
jeu, les mises des joueurs doivent être en raison
inverse de leurs jetons. Mais s'il existe entre leurs
adresses, une petite inégalité inconnue ; elle favorise celui des joueurs, qui a le plus petit nombre de jetons. Sa probabilité de gagner la partie augmente, si les joueurs conviennent de
doubler, de tripler leurs jetons ; et elle serait $\frac{1}{2}$
ou la même que la probabilité de l'autre joueur,
dans le cas où les nombres de leurs jetons de-
viendraient infinis, en conservant toujours le
même rapport.

On peut corriger l'influence de ces inégalités
inconnues, en les soumettant elles-mêmes aux
chances du hasard. Ainsi au jeu de *croix* ou *pile*,
si l'on a une seconde pièce que l'on projette chaque fois avec la première ; et que l'on convienne
de nommer constamment *croix*, la face amenée

par cette seconde pièce ; la probabilité d'amener *croix* deux fois de suite, avec la première pièce, approchera beaucoup plus d'un quart, que dans le cas d'une seule pièce. Dans ce dernier cas, la différence est le carré du petit accroissement de possibilité que l'inégalité inconnue donne à la face de la première pièce, qu'elle favorise : dans l'autre cas, cette différence est le quadruple produit de ce carré, par le carré correspondant relatif à la seconde pièce.

Que l'on jette dans une urne, cent numéros depuis un jusqu'à cent, dans l'ordre de la numération, et qu'après avoir agité l'urne, pour mêler ces numéros, on en tire un ; il est clair que si le mélange a été bien fait, les probabilités de sortie des numéros, seront les mêmes. Mais si l'on craint qu'il n'y ait entre elles, de petites différences dépendantes de l'ordre suivant lequel les numéros ont été jetés dans l'urne ; on diminuera considérablement ces différences, en jetant dans une seconde urne, ces numéros suivant leur ordre de sortie de la première urne, et en agitant ensuite cette seconde urne pour mêler ces numéros. Une troisième urne, une quatrième, etc., diminueraient de plus en plus ces différences déjà insensibles dans la seconde urne.

Des Lois de la Probabilité, qui résultent de la multiplication indéfinie des évènemens.

Au milieu des causes variables et inconnues que nous comprenons sous le nom de *hasard*, et qui rendent incertaine et irrégulière, la marche des évènemens; on voit naître à mesure qu'ils se multiplient, une régularité frappante qui semble tenir à un dessein, et que l'on a considérée comme une preuve de la providence. Mais en y réfléchissant, on reconnaît bientôt que cette régularité n'est que le développement des possibilités respectives des évènemens simples qui doivent se présenter plus souvent, lorsqu'ils sont plus probables. Concevons, par exemple, une urne qui renferme des boules blanches et des boules noires; et supposons qu'à chaque fois que l'on en tire une boule, on la remette dans l'urne pour procéder à un nouveau tirage. Le rapport du nombre des boules blanches extraites, au nombre des boules noires extraites, sera le plus souvent très irrégulier dans les premiers tirages; mais les causes variables de cette irrégularité, produisent des effets alternativement favorables et contraires à la marche régulière des évènemens, et qui se détruisant mutuellement dans l'ensemble d'un grand nombre de tirages, laissent de plus en plus apercevoir le rapport des boules blanches aux boules noires contenues dans l'urne, ou les possibilités respectives d'en extraire une boule blanche ou une boule noire à chaque tirage. De là résulte le théorème suivant.

La probabilité que le rapport du nombre des boules blanches extraites, au nombre total des boules sorties, ne s'écarte pas au-delà d'un intervalle donné, du rapport du nombre des boules blanches, au nombre total des boules contenues dans l'urne, approche indéfiniment de la certitude, par la multiplication indéfinie des évènemens, quelque petit que l'on suppose cet intervalle.

Ce théorème indiqué par le bon sens, était difficile à démontrer par l'Analyse. Aussi l'illustre géomètre Jacques Bernouilli qui s'en est occupé le premier, attachait-il une grande importance à la démonstration qu'il en a donnée. Le calcul des fonctions génératrices, appliqué à cet objet, non-seulement démontre avec facilité ce théorème; mais de plus il donne la probabilité que le rapport des évènemens observés, ne s'écarte que dans certaines limites, du vrai rapport de leurs possibilités respectives.

On peut tirer du théorème précédent, cette

conséquence qui doit être regardée comme une loi générale , savoir, que les rapports des effets de la nature, sont à fort peu près constans , quand ces effets sont considérés en grand nombre. Ainsi, malgré la variété des années, la somme des productions pendant un nombre d'années considérable, est sensiblement la même; en sorte que l'homme, par une utile prévoyance, peut se mettre à l'abri de l'irrégularité des saisons , en répandant également sur tous les temps, les biens que la nature distribue d'une manière inégale. Je n'excepte pas de la loi précédente , les effets dus aux causes morales. Le rapport des naissances annuelles à la population, et celui des mariages aux naissances , n'éprouvent que de très petites variations : à Paris, le nombre des naissances annuelles est à peu près le même; et j'ai ouï dire qu'à la poste , dans les temps ordinaires, le nombre des lettres mises au rebut par les défauts des adresses, change peu , chaque année ; ce qui a été pareillement observé à Londres.

Il suit encore de ce théorème , que dans une série d'évènemens, indéfiniment prolongée, l'action des causes régulières et constantes doit l'emporter à la longue , sur celle des causes irrégulières. C'est ce qui rend les gains des loteries, aussi certains que les produits de l'agriculture ; les chances qu'elles se réservent, leur assurant un bénéfice dans l'ensemble d'un grand nombre de mises. Ainsi des chances favorables et nombreuses étant constamment attachées à l'observation des principes éternels de raison, de justice et d'humanité, qui fondent et maintiennent les sociétés ; il y a grand avantage à se conformer à ces principes, et de graves inconvéniens à s'en écarter. Que l'on consulte les histoires et sa propre expérience ; on y verra tous les faits venir à l'appui de ce résultat du calcul. Considérez les heureux effets des institutions fondées sur la raison et sur les droits naturels de l'homme, chez les peuples qui ont su les établir et les conserver. Considérez encore les avantages que la bonne foi a procurés aux gouvernemens qui en ont fait la base de leur conduite, et comme ils ont été dédommagés des sacrifices qu'une scrupuleuse exactitude à tenir ses engagemens, leur a coûté. Quel immense crédit au dedans ! quelle prépondérance au dehors ! Voyez au contraire, dans quel abîme de malheurs, les peuples ont été souvent précipités par l'ambition et par la perfidie de leurs chefs. Toutes les fois qu'une grande puissance enivrée de l'amour des conquêtes, aspire à la domination universelle ; le sentiment de l'indépendance produit entre les nations menacécs , une coalition dont elle devient presque toujours la victime. Pareillement, au milieu des causes variables qui étendent ou qui resserrent les divers états ; les limites naturelles, en agissant comme causes constantes , doivent finir par prévaloir. Il importe donc à la stabilité comme au bonheur des empires, de ne pas les étendre au-delà de ces limites dans lesquelles ils sont ramenés sans cesse par l'action de ces causes ; ainsi que les eaux des mers , soulevées par de violentes tempêtes , retombent dans leurs bassins par la pesanteur. C'est encore un résultat du calcul des probabilités , confirmé par de nombreuses et funestes expériences. L'histoire traitée sous le point de vue de l'influence des causes constantes , unirait à l'intérêt de la curiosité , celui d'offrir aux hommes, les plus utiles leçons. Quelquefois on attribue les effets inévitables de ces causes, à des circonstances accidentelles qui n'ont fait que développer leur action. Il est, par exemple, contre la nature des choses, qu'un peuple soit à jamais gouverné par un autre qu'une vaste mer ou une grande distance en sépare. On peut affirmer qu'à la longue, cette cause constante se joignant sans cesse aux causes variables qui agissent dans le même sens, et que la suite des temps développe, finira par en trou-

ver d'assez fortes pour rendre au peuple soumis,
son indépendance naturelle, ou pour le réunir
à un état puissant qui lui soit contigu.

Dans un grand nombre de cas, et ce sont les
plus importans de l'Analyse des hasards , les
possibilités des évènemens simples sont inconnues, et nous sommes réduits à chercher dans
les évènemens passés, des indices qui puissent
nous guider dans nos conjectures sur les causes
dont ils dépendent. En appliquant l'Analyse des
fonctions génératrices , au principe exposé ci-
devant, sur la probabilité des causes , tirée des
évènemens observés; on est conduit au théorème
suivant.

Lorsqu'un évènement simple ou composé de
plusieurs évènemens simples, tel qu'une partie
de jeu, a été répété un grand nombre de fois;
les possibilités des évènemens simples qui rendent ce que l'on a observé, le plus probable,
sont celles que l'observation indique avec le
plus de vraisemblance : à mesure que l'évènement observé se répète , cette vraisemblance
augmente et finirait par se confondre avec la
certitude, si le nombre des répétitions devenait
infini.

Il y a ici deux sortes d'approximations : l'une
d'elles est relative aux limites prises de part et

d'autre , des possibilités qui donnent au passé ,
le plus de vraisemblance : l'autre approximation
se rapporte à la probabilité que ces possibilités
tombent dans ces limites. La répétition de l'évènement composé accroît de plus en plus cette
probabilité, les limites restant les mêmes : elle
resserre de plus en plus l'intervalle de ces limites,
la probabilité restant la même : dans l'infini, cet
intervalle devient nul, et la probabilité se change
en certitude.

Si l'on applique ce théorème, au rapport des
naissances des garçons à celles des filles, observé
dans les diverses contrées de l'Europe ; on trouve
que ce rapport, partout à peu près égal à celui
de 22 à 21 , indique avec une extrême probabilité, une plus grande facilité dans les naissances
des garçons. En considérant ensuite qu'il est le
même à Naples et à Pétersbourg, on verra qu'à
cet égard, l'influence du climat est insensible.
On pouvait donc soupçonner contre l'opinion
commune, que cette supériorité des naissances
masculines subsiste dans l'Orient même. J'avais
en conséquence invité les savans français envoyés
en Égypte , à s'occuper de cette question inté-
ressante ; mais la difficulté d'obtenir des renseignemens précis sur les naissances , ne leur a pas
permis de la résoudre. Heureusement, M. de

Humboldt n'a point négligé cet objet dans l'immensité des choses nouvelles qu'il a observées et recueillies en Amérique, avec tant de sagacité, de constance et de courage. Il a retrouvé entre les tropiques, le même rapport des naissances des garçons à celles des filles, que l'on observe à Paris; ce qui doit faire regarder la supériorité des naissances masculines, comme une loi générale de l'espèce humaine. Les lois que suivent à cet égard, les diverses espèces d'animaux, me paraissent dignes de l'attention des naturalistes.

Le rapport des naissances des garçons à celles des filles, différant très peu de l'unité; des nombres même assez grands de naissances observées dans un lieu, pourraient offrir à cet égard, un résultat contraire à la loi générale, sans que l'on fût en droit d'en conclure que cette loi n'y existe pas. Pour tirer cette conséquence, il faut employer de très grands nombres, et s'assurer qu'elle est indiquée avec une grande probabilité. Buffon cite, par exemple, dans son Arithmétique politique, plusieurs communes de Bourgogne, où les naissances des filles ont surpassé celles des garçons. Parmi ces communes, celle de Carcelle-le-Grignon présente sur 2009 naissances pendant cinq années, 1026 filles et 983

garçons. Quoique ces nombres soient considérables, cependant ils n'indiquent une plus grande
possibilité dans les naissances des filles, qu'avec
la probabilité $\frac{9}{10}$; et cette probabilité plus petite
que celle de ne pas amener *croix* quatre fois de
suite, au jeu de *croix* ou *pile*, n'est pas suffisante pour rechercher la cause de cette anomalie
qui, selon toute vraisemblance, disparaîtrait, si
l'on suivait, pendant un siècle, les naissances
dans cette commune.

Les registres des naissances, que l'on tient avec
soin pour assurer l'état des citoyens, peuvent
servir à déterminer la population d'un grand
empire, sans recourir au dénombrement de ses
habitans, opération pénible et difficile à faire
avec exactitude. Mais il faut pour cela, connaître
le rapport de la population aux naissances annuelles. Le moyen d'y parvenir, le plus précis,
consiste 1° à choisir dans l'empire, des départemens distribués d'une manière à peu près égale
sur toute sa surface, afin de rendre le résultat
général, indépendant des circonstances locales;
2° à dénombrer avec soin, pour une époque
donnée, les habitans de plusieurs communes dans
chacun de ces départemens; 3° à déterminer par
le relevé des naissances durant plusieurs années
qui précèdent et suivent cette époque, le nombre

moyen correspondant des naissances annuelles.
Ce nombre divisé par celui des habitans, donnera le rapport des naissances annuelles à la population, d'une manière d'autant plus sûre, que
le dénombrement sera plus considérable. Le
gouvernement convaincu de l'utilité d'un semblable dénombrement, a bien voulu en ordonner l'exécution, à ma prière. Dans trente départemens répandus également sur toute la France,
on a fait choix des communes qui pouvaient
fournir les renseignemens les plus précis. Leurs
dénombremens ont donné 2037615 individus
pour la somme totale de leurs habitans au 23
septembre 1802. Le relevé des naissances dans
ces communes pendant les années 1800, 1801
et 1802, a donné

Naissances.	Mariages.	Décès.
110312 garçons	46037.	103659 hommes.
105287 filles.		99443 femmes.

Le rapport de la population aux naissances
annuelles est donc $28 \frac{352845}{1000000}$: il est plus grand
qu'on ne l'avait estimé jusqu'ici. En multipliant
par ce rapport, le nombre des naissances annuelles en France ; on aura la population de ce
royaume. Mais quelle est la probabilité que la

6..

population ainsi déterminée, ne s'écartera pas de la véritable, au-delà d'une limite donnée? En résolvant ce problème, et appliquant à sa solution, les données précédentes; j'ai trouvé que le nombre des naissances annuelles en France, étant supposé d'un million, ce qui porte sa population à 28352845 habitans, il y a près de trois cent mille à parier contre un, que l'erreur de ce résultat n'est pas d'un demi-million.

Le rapport des naissances des garçons à celles des filles, qu'offre le relevé précédent, est celui de 22 à 21; et les mariages sont aux naissances, comme trois est à quatorze.

A Paris, les baptêmes des enfans des deux sexes s'écartent un peu du rapport de 22 à 21. Depuis 1745, époque à laquelle on a commencé à distinguer les sexes sur les registres des naissances, jusqu'à la fin de 1784, on a baptisé, dans cette capitale, 393386 garçons et 377555 filles. Le rapport de ces deux nombres est à peu près celui de 25 à 24; il paraît donc qu'à Paris, une cause particulière rapproche de l'égalité, les baptêmes des deux sexes. Si l'on applique à cet objet, le calcul des probabilités; on trouve qu'il y a 238 à parier contre un, en faveur de l'existence de cette cause, ce qui suffit pour en autoriser la recherche. En y réfléchissant, il m'a

paru que la différence observée tient à ce que
les parens de la campagne et des provinces ,
trouvant quelque avantage à retenir près d'eux
les garçons , en avaient envoyé à l'Hospice des
Enfans - Trouvés de Paris , moins relativement
aux filles, que suivant le rapport des naissances
des deux sexes. C'est ce que le relevé des registres de cet hospice m'a prouvé. Depuis le
commencement de 1745 jusqu'à la fin de 1809,
il y est entré 163499 garçons, et 159405 filles.
Le premier de ces nombres n'excède que d'un
trente-huitième , le second qu'il aurait dû surpasser au moins d'un vingt-quatrième. Ce qui
confirme l'existence de la cause assignée , c'est
qu'en n'ayant point égard aux enfans trouvés ,
le rapport des naissances des garçons à celles
des filles, est à Paris, celui de 22 à 21.

Les résultats précédens supposent que l'on
peut assimiler les naissances, aux tirages des boules d'une urne qui renferme une infinité de boules
blanches et de boules noires mêlées de manière
qu'à chaque tirage, les chances de sortie soient
les mêmes pour chaque boule ; mais il est possible que les variations des mêmes saisons dans
les diverses années, aient quelque influence sur
le rapport annuel des naissances des garçons à

celles des filles. Le Bureau des Longitudes de France publie, chaque année, dans son Annuaire, le tableau du mouvement annuel de la population du royaume. Les tableaux déjà publiés commencent à 1817 : dans cette année et dans les cinq suivantes, il est né 2962361 garçons et 2781997 filles; ce qui donne à fort peu près $\frac{16}{15}$ pour le rapport des naissances des garçons à celles des filles. Les rapports de chaque année s'éloignent peu de ce résultat moyen : le plus petit rapport est celui de 1822, où il n'a été que $\frac{17}{16}$; le plus grand est de l'année 1817, où il a égalé $\frac{15}{14}$. Ces rapports s'écartent sensiblement du rapport $\frac{22}{21}$ trouvé ci-dessus. En appliquant à cet écart, l'analyse des probabilités, dans l'hypothèse de l'assimilation des naissances, aux tirages des boules d'une urne; on trouve qu'il serait très peu probable. Il paraît donc indiquer que cette hypothèse, quoique fort approchée, n'est pas rigoureusement exacte. Dans le nombre des naissances que nous venons d'énoncer, il y a en enfans naturels, 200494 garçons et 190698 filles. Le rapport des naissances masculines et féminines a donc été à leur égard $\frac{20}{19}$, plus petit que le rapport moyen $\frac{16}{15}$. Ce résultat est dans le même sens que celui des naissances des enfans trouvés ; et il semble prouver que dans la classe des enfans na-

turels, les naissances des deux sexes approchent
plus d'être égales, que dans la classe des enfans
légitimes. La différence des climats du nord au
midi de la France ne paraît pas influer sensiblement sur le rapport des naissances des garçons et des filles. Les trente départemens les plus
méridionaux ont donné $\frac{16}{15}$ pour ce rapport,
comme pour la France entière.

La constance de la supériorité des naissances
des garçons sur celles des filles, à Paris et à Londres, depuis qu'on les observe, a paru à quelques savans, être une preuve de la providence
sans laquelle ils ont pensé que les causes irrégulières qui troublent sans cesse la marche des évènemens, aurait dû plusieurs fois, rendre les
naissances annuelles des filles, supérieures à celles
des garçons.

Mais cette preuve est un nouvel exemple de
l'abus que l'on a fait si souvent des causes finales
qui disparaissent toujours par un examen approfondi des questions, lorsqu'on a les données nécessaires pour les résoudre. La constance dont
il s'agit, est un résultat des causes régulières qui
donnent la supériorité aux naissances des garçons, et qui l'emportent sur les anomalies dues
au hasard, lorsque le nombre des naissances annuelles est considérable. La recherche de la pro-

babilité que cette constance se maintiendra pendant un long espace de temps, appartient à cette branche de l'Analyse des hasards qui remonte des évènemens passés, à la probabilité des évènemens futurs ; et il en résulte qu'en partant des naissances observées depuis 1745 jusqu'en 1784, il y a près de quatre à parier contre un, qu'à Paris les naissances annuelles des garçons surpasseront constamment pendant un siècle, les naissances des filles ; il n'y a donc aucune raison de s'étonner que cela ait eu lieu pendant un demi-siècle.

Donnons encore un exemple du développement des rapports constans que les évènemens présentent, à mesure qu'ils se multiplient. Concevons une série d'urnes disposées circulairement, et renfermant, chacune, un très grand nombre de boules blanches et de boules noires : les rapports des boules blanches aux noires, dans ces urnes, pouvant être très différens à l'origine, et tels, par exemple, que l'une de ces urnes ne renferme que des boules blanches, tandis qu'une autre ne contient que des boules noires. Si l'on tire une boule de la première urne, pour la mettre dans la seconde ; qu'après avoir agité cette seconde urne, afin de bien mêler la boule ajoutée, avec les autres, on en tire une boule pour

la mettre dans la troisième urne, et ainsi de
suite jusqu'à la dernière urne dont on extrait
une boule pour la mettre dans la première ; et
que l'on recommence indéfiniment cette série de
tirages ; l'Analyse des probabilités nous montre
que les rapports des boules blanches aux noires,
dans ces urnes, finiront par être les mêmes et
égaux au rapport de la somme de toutes les boules blanches, à la somme de toutes les boules
noires contenues dans les urnes. Ainsi par ce
mode régulier de changement, l'irrégularité primitive de ces rapports disparaît à la longue pour
faire place à l'ordre le plus simple. Maintenant
si entre ces urnes, on en intercale de nouvelles
dans lesquelles le rapport de la somme des boules
blanches, à la somme des boules noires qu'elles
contiennent, diffère du précédent ; en continuant
indéfiniment, sur l'ensemble de ces urnes, les ex-
tractions que nous venons d'indiquer ; l'ordre simple établi dans les anciennes urnes sera d'abord
troublé, et les rapports des boules blanches aux
boules noires deviendront irréguliers ; mais peu
à peu cette irrégularité disparaîtra pour faire
place à un nouvel ordre qui sera enfin celui de
l'égalité des rapports des boules blanches aux
boules noires contenues dans les urnes. On peut
étendre ces résultats, à toutes les combinaisons

de la nature, dans lesquelles les forces constantes dont leurs élémens sont animés, établissent des modes réguliers d'action, propres à faire éclore du sein même du chaos, des systèmes régis par des lois admirables.

Les phénomènes qui semblent le plus dépendre du hasard, présentent donc en se multipliant, une tendance à se rapprocher sans cesse, de rapports fixes ; de manière que si l'on conçoit de part et d'autre de chacun de ces rapports, un intervalle aussi petit que l'on voudra, la probabilité que le résultat moyen des observations tombe dans cet intervalle, finira par ne différer de la certitude, que d'une quantité au-dessous de toute grandeur assignable. On peut ainsi par le calcul des probabilités, appliqué à un grand nombre d'observations, reconnaître l'existence de ces rapports. Mais avant que d'en rechercher les causes, il est nécessaire, pour ne point s'égarer dans de vaines spéculations, de s'assurer qu'ils sont indiqués avec une probabilité qui ne permet point de les regarder comme des anomalies dues au hasard. La théorie des fonctions génératrices donne une expression très simple de cette probabilité, que l'on obtient en intégrant le produit de la différentielle de la quantité dont le résultat déduit d'un grand nombre d'observa-

tions s'écarte de la vérité, par une constante
moindre que l'unité, dépendante de la nature
du problème, et élevée à une puissance dont
l'exposant est le rapport du carré de cet écart,
au nombre des observations. L'intégrale prise
entre des limites données, et divisée par la même
intégrale étendue à l'infini positif et négatif, ex-
primera la probabilité que l'écart de la vérité,
est compris entre ces limites. Telle est la loi générale de la probabilité des résultats indiqués par
un grand nombre d'observations.

*Application du Calcul des Probabilités, à la
Philosophie naturelle.*

Les phénomènes de la nature sont le plus souvent, enveloppés de tant de circonstances étrangères, un si grand nombre de causes perturbatrices y mêlent leur influence ; qu'il est très
difficile de les reconnaître. On ne peut y parvenir, qu'en multipliant les observations ou les
expériences, afin que les effets étrangers venant
à se détruire réciproquement, les résultats moyens
mettent en évidence ces phénomènes et leurs élémens divers. Plus les observations sont nombreuses, et moins elles s'écartent entre elles ;
plus leurs résultats approchent de la vérité. On

remplit cette dernière condition, par le choix
des méthodes d'observation, par la précision des
instrumens, et par le soin que l'on met à bien
observer : ensuite, on détermine par la théorie
des probabilités, les résultats moyens les plus
avantageux, ou ceux qui donnent le moins de
prise à l'erreur. Mais cela ne suffit pas ; il est de
plus, nécessaire d'apprécier la probabilité que
les erreurs de ces résultats sont comprises dans
des limites données : sans cela, on n'a qu'une
connaissance imparfaite du degré d'exactitude,
obtenu. Des formules propres à ces objets, sont
donc un vrai perfectionnement de la méthode
des sciences, et qu'il est bien important d'ajouter à cette méthode. L'analyse qu'elles exigent,
est la plus délicate et la plus difficile de la théorie des probabilités : c'est un des principaux objets de l'ouvrage que j'ai publié sur cette théorie, et dans lequel je suis parvenu à des formules
de ce genre, qui ont l'avantage remarquable
d'être indépendantes de la loi de probabilité des
erreurs, et de ne renfermer que des quantités
données par les observations mêmes, et par leurs
expressions.

Chaque observation a pour expression analytique, une fonction des élémens que l'on veut
déterminer ; et si ces élémens sont à peu près

connus, cette fonction devient une fonction li‑
néaire de leurs corrections. En l'égalant à l'ob‑
servation même, on forme ce que l'on nomme
équation de condition. Si l'on a un grand nombre
d'équations semblables, on les combine de ma‑
nière à obtenir autant d'équations finales, qu'il y
a d'élémens dont on détermine ensuite les correc‑
tions, en résolvant ces équations. Mais quelle est
la manière la plus avantageuse de combiner les
équations de condition, pour obtenir les équa‑
tions finales? Quelle est la loi de probabilité des
erreurs dont les élémens que l'on en tire, sont
encore susceptibles? c'est ce que la théorie des
probabilités fait connaître. La formation d'une
équation finale au moyen des équations de con‑
dition, revient à multiplier chacune de celles-ci,
par un facteur indéterminé, et à réunir ces pro‑
duits; il faut donc choisir le système de facteurs,
qui donne la plus petite erreur à craindre. Or il
est visible que si l'on multiplie les erreurs possi‑
bles d'un élément, par leurs probabilités respec‑
tives; le système le plus avantageux sera celui
dans lequel la somme de ces produits, tous pris
positivement, est un *minimum*; car une erreur
positive ou négative doit être considérée comme
une perte. En formant donc cette somme de
produits, la condition du *minimum* déterminera

le système de facteurs qu'il convient d'adopter, ou le système le plus avantageux. On trouve ainsi que ce système est celui des coefficiens des élémens, dans chaque équation de condition; en sorte que l'on forme une première équation finale, en multipliant respectivement chaque équation de condition, par son coefficient du premier élément, et en réunissant toutes ces équations ainsi multipliées. On forme une seconde équation finale, en employant de même, les coefficiens du second élément, et ainsi de suite. De cette manière, les élémens et les lois des phénomènes, renfermés dans le recueil d'un grand nombre d'observations, se développent avec le plus d'évidence.

La probabilité des erreurs que chaque élément laisse encore à craindre, est proportionnelle au nombre dont le logarithme hyperbolique est l'unité, élevé à une puissance égale au carré de l'erreur, pris en moins, et multiplié par un coefficient constant qui peut être considéré comme le module de la probabilité des erreurs; parce que l'erreur restant la même, sa probabilité décroît avec rapidité quand il augmente; en sorte que l'élément obtenu pèse, si je puis ainsi dire, vers la vérité, d'autant plus, que ce module est plus grand. Je nommerai

par cette raison, ce module, *poids* de l'élément
ou du résultat. Ce poids est le plus grand possible dans le système de facteurs, le plus avantageux ; c'est ce qui donne à ce système, la
supériorité sur les autres. Par une analogie remarquable de ce poids, avec ceux des corps
comparés à leur centre commun de gravité, il
arrive que si un même élément est donné par
divers systèmes composés, chacun, d'un grand
nombre d'observations ; le résultat moyen le
plus avantageux de leur ensemble est la somme
des produits de chaque résultat partiel, par son
poids, cette somme étant divisée par celle de
tous les poids. De plus, le poids total du résultat des divers systèmes, est la somme de leurs
poids partiels ; en sorte que la probabilité des
erreurs du résultat moyen de leur ensemble, est
proportionnelle au nombre qui a l'unité pour
logarithme hyperbolique, élevé à une puissance
égale au carré de l'erreur, pris en moins, et
multiplié par la somme de tous les poids. Chaque poids dépend, à la vérité, de la loi de probabilité des erreurs de chaque système, et presque toujours cette loi est inconnue ; mais je
suis heureusement parvenu à éliminer le facteur
qui la renferme, au moyen de la somme des
carrés des écarts des observations du système,

de leur résultat moyen. Il serait donc à désirer, pour compléter nos connaissances sur les résultats obtenus par l'ensemble d'un grand nombre d'observations, qu'on écrivît à côté de chaque résultat, le poids qui lui correspond : l'Analyse fournit pour cet objet, des méthodes générales et simples. Quand on a ainsi obtenu l'exponentielle qui représente la loi de probabilité des erreurs; on aura la probabilité que l'erreur du résultat est comprise dans des limites données, en prenant dans ces limites, l'intégrale du produit de cette exponentielle, par la différentielle de l'erreur, et en la multipliant par la racine carrée du poids du résultat, divisé par la circonférence dont le diamètre est l'unité. De là il suit que pour une même probabilité, les erreurs des résultats, sont réciproques aux racines carrées de leurs poids; ce qui peut servir à comparer leurs précisions respectives.

Pour appliquer cette méthode avec succès, il faut varier les circonstances des observations ou des expériences, de manière à éviter les causes constantes d'erreur. Il faut que les observations soient nombreuses, et qu'elles le soient d'autant plus, qu'il y a plus d'élémens à déterminer; car le poids du résultat moyen croît comme le nombre des observations, divisé par le nombre des élémens. Il est encore nécessaire que les élémens suivent, dans ces observations, une marche différente; car si la marche de deux élémens était rigoureusement la même, ce qui rendrait leurs coefficiens proportionnels dans les équations de condition; ces élémens ne formeraient qu'une seule inconnue, et il serait impossible de les distinguer par ces observations. Enfin, il faut que les observations soient précises : cette condition, la première de toutes, augmente beaucoup le poids du résultat, dont l'expression a pour diviseur, la somme des carrés des écarts des observations, de ce résultat. Avec ces précautions, on pourra faire usage de la méthode précédente, et mesurer le degré de confiance que méritent les résultats déduits d'un grand nombre d'observations.

La règle que nous venons de donner pour conclure des équations de condition, les équations finales, revient à rendre un *minimum*, la somme des carrés des erreurs des observations ; car chaque équation de condition devient rigoureuse, en y substituant l'observation plus son erreur; et si l'on en tire l'expression de cette erreur, il est facile de voir que la condition du *minimum* de la somme des carrés de ces expressions, donne la règle dont il s'agit. Cette règle est d'autant plus précise, que les observations sont plus nombreuses; mais dans le cas même où leur nombre est petit, il paraît naturel d'employer la même règle qui dans tous les cas, offre un moyen simple d'obtenir sans tâtonnement, les corrections que l'on cherche à déterminer. Elle peut servir encore à comparer la précision de diverses tables astronomiques d'un même astre. Ces tables peuvent toujours être supposées réduites à la même forme, et alors elles ne diffèrent que par les époques, les moyens mouvemens, et les coefficiens des argumens; car si l'une d'elles contient un argument qui ne se trouve point dans les autres, il est clair que cela revient à supposer nul dans celles-ci, le coefficient de cet argument. Si, maintenant, on rectifiait ces tables, par la totalité des bonnes observations ; elles satisferaient à la condition que la somme des carrés des erreurs soit un *minimum* ; les tables qui comparées à un nombre considérable d'observations, approchent le plus de cette condition, méritent donc la préférence.

C'est principalement dans l'Astronomie, que la méthode exposée ci-dessus peut être employée avec avantage. Les tables astronomiques doivent l'exactitude vraiment étonnante qu'elles ont atteinte, à la précision des observations et des

théories, et à l'usage des équations de condition ,
qui font concourir un grand nombre d'excellentes observations, à la correction d'un même
élément. Mais il restait à déterminer la probabilité des erreurs que cette correction laisse encore à craindre : c'est ce que la méthode que je
viens d'exposer, fait connaître. Pour en donner
quelques applications intéressantes , j'ai profité
de l'immense travail que M. Bouvard vient de
terminer sur les mouvemens de Jupiter et de Saturne, dont il a construit des tables très précises.
Il a discuté avec le plus grand soin , les opposi-
tions et les quadratures de ces deux planètes ,
observées par Bradley et par les astronomes qui
l'ont suivi jusqu'à ces dernières années; il en a
conclu les corrections des élémens de leur mouvement et leurs masses comparées à celle du soleil , prise pour unité. Ses calculs lui donnent la
masse de Saturne égale à la 3512e partie de celle
du soleil. En leur appliquant mes formules de
probabilité, je trouve qu'il y a onze mille à parier contre un , que l'erreur de ce résultat n'est
pas un centième de sa valeur, ou, ce qui revient à très peu près au même, qu'après un
siècle de nouvelles observations ajoutées aux
précédentes, et discutées de la même manière ,
le nouveau résultat ne différera pas d'un cen-

tième , de celui de M. Bouvard. Ce savant astronome trouve encore la masse de Jupiter égale
à la 1071ᵉ partie du soleil ; et ma méthode de
probabilité donne un million à parier contre un,
que ce résultat n'est pas d'un centième , en erreur.

Cette méthode peut être encore appliquée
avec succès , aux opérations géodésiques. On
détermine la longueur d'un grand arc à la surface de la terre , par une chaîne de triangles qui
s'appuient sur une base mesurée avec exactitude.
Mais quelque précision que l'on apporte dans la
mesure des angles ; les erreurs inévitables peuvent, en s'accumulant , écarter sensiblement de
la vérité , la valeur de l'arc que l'on a conclu
d'un grand nombre de triangles. On ne connaît
donc qu'imparfaitement cette valeur, si l'on ne
peut pas assigner la probabilité que son erreur
est comprise dans des limites données. L'erreur
d'un résultat géodésique est une fonction des erreurs des angles de chaque triangle. J'ai donné
dans l'ouvrage cité, des formules générales pour
avoir la probabilité des valeurs d'une ou de plusieurs fonctions linéaires d'un grand nombre
d'erreurs partielles dont on connaît la loi de
probabilité ; on peut donc au moyen de ces formules , déterminer la probabilité que l'erreur

d'un résultat géodésique est contenue dans des
limites assignées, quelle que soit la loi de probabilité des erreurs partielles. Il est d'autant plus
nécessaire de se rendre indépendant de cette loi,
que les lois même les plus simples sont toujours
infiniment peu probables, vu le nombre infini
de celles qui peuvent exister dans la nature. Mais
la loi inconnue des erreurs partielles introduit
dans les formules, une indéterminée qui ne per-
mettrait point de les réduire en nombres, si l'on
ne parvenait pas à l'éliminer. On a vu que dans
les questions astronomiques où chaque observation fournit une équation de condition pour
avoir les élémens, on élimine cette indéterminée, au moyen de la somme des carrés des
restes, lorsqu'on a substitué dans chaque équation, les valeurs les plus probables des élémens.
Les questions géodésiques n'offrant point de semblables équations, il faut chercher un autre moyen
d'élimination. La quantité dont la somme des angles de chaque triangle observé surpasse deux
angles droits plus l'excès sphérique, fournit ce
moyen. Ainsi l'on remplace par la somme des
carrés de ces quantités, la somme des carrés des
restes des équations de condition ; et l'on peut
assigner en nombres, la probabilité que l'erreur
du résultat final d'une suite d'opérations géodé-

siques, n'excède pas une quantité donnée. Mais quelle est la manière la plus avantageuse de répartir entre les trois angles de chaque triangle, la somme observée de leurs erreurs? L'analyse des probabilités fait voir que chaque angle doit être diminué du tiers de cette somme, pour que le poids d'un résultat géodésique, soit le plus grand qu'il est possible; ce qui rend une même erreur moins probable. Il y a donc beaucoup d'avantage à observer les trois angles de chaque triangle, et à les corriger comme on vient de le dire. Le simple bon sens fait pressentir cet avantage; mais le calcul des probabilités peut seul l'apprécier et faire voir que par cette correction, il devient le plus grand qu'il est possible.

Pour s'assurer de l'exactitude de la valeur d'un grand arc qui s'appuie sur une base mesurée à l'une de ses extrémités, on mesure une seconde base vers l'autre extrémité; et l'on conclut de l'une de ces bases, la longueur de l'autre. Si cette longueur s'écarte très peu de l'observation; il y a tout lieu de croire que la chaîne de triangles, qui unit ces bases, est exacte à fort peu près, ainsi que la valeur du grand arc qui en résulte. On corrige ensuite cette valeur, en modifiant les angles des triangles, de manière que les bases calculées s'accordent avec les bases mesurées. Mais cela peut se faire d'une infinité de manières parmi lesquelles on doit préférer celle dont le résultat géodésique a le plus grand poids, puisque la même erreur devient moins probable. L'analyse des probabilités donne des formules pour avoir directement la correction la plus avantageuse qui résulte des mesures de plusieurs bases, et les lois de probabilité que fait naître la multiplicité des bases, lois qui deviennent plus rapidement décroissantes par cette multiplicité.

Généralement, les erreurs des résultats déduits d'un grand nombre d'observations sont des fonctions linéaires des erreurs partielles de chaque observation. Les coefficiens de ces fonctions dépendent de la nature du problème et du procédé suivi pour obtenir les résultats. Le procédé le plus avantageux est évidemment celui dans lequel une même erreur dans les résultats, est moins probable que suivant tout autre procédé. L'application du calcul des Probabilités à la Philosophie naturelle, consiste donc à déterminer analytiquement la probabilité des valeurs de ces fonctions, et à choisir leurs coefficiens indéterminés, de manière que la loi de cette probabilité soit le plus rapidement décroissante. En éliminant ensuite des formules, par les données de la question, le facteur qu'introduit la loi presque toujours inconnue de la probabilité des erreurs partielles; on pourra évaluer numériquement la probabilité que les erreurs des résultats n'excèdent pas une quantité donnée. On aura ainsi tout ce que l'on peut désirer touchant les résultats déduits d'un grand nombre d'observations.

On peut encore obtenir des résultats fort approchés, par d'autres considérations. Supposons, par exemple, que l'on ait mille et une observations d'une même grandeur. La moyenne arithmétique de toutes ces observations est le résultat donné par la méthode la plus avantageuse. Mais on pourrait choisir le résultat d'après la condition que la somme de ses écarts de chaque valeur partielle, pris tous positivement, soit un *minimum*. Il paraît, en effet, naturel de regarder comme très approché, le résultat qui satisfait à cette condition. Il est facile de voir que si l'on dispose les valeurs données par les observations, suivant l'ordre de grandeur; la valeur qui occupera le milieu, remplira la condition précédente, et le calcul fait voir que dans le cas d'un nombre infini d'observations, elle coïnciderait avec la vérité. Mais le résultat donné par la méthode la plus avantageuse, est encore préférable.

On voit par ce qui précède, que la théorie des probabilités ne laisse rien d'arbitraire dans la manière de répartir les erreurs des observations : elle donne pour cette répartition, les formules les plus avantageuses, ou qui diminuent le plus qu'il est possible, les erreurs à craindre sur les résultats.

La considération des probabilités, peut servir à démêler les petites inégalités des mouvemens célestes, enveloppées dans les erreurs des observations, et à remonter à la cause des anomalies observées dans ces mouvemens. Ce fut en comparant entre elles, toutes ses observations ; que Ticho-Brahé reconnut la nécessité d'appliquer à la lune, une équation du temps, différente de celle que l'on appliquait au soleil et aux planètes. Ce fut pareillement l'ensemble d'un grand nombre d'observations, qui fit connaître à Mayer, que le coefficient de l'inégalité de la précession, doit être un peu diminué pour la lune. Mais comme cette diminution, quoique confirmée et même augmentée par Mason, ne paraissait pas résulter de la gravitation universelle ; la plupart des astronomes la négligèrent dans leurs calculs. Ayant soumis au calcul des probabilités, un

nombre considérable d'observations lunaires ,
choisies dans cette vue , et que M. Bouvard voulut
bien discuter à ma prière ; elle me parut indiquée avec une probabilité si forte , que je crus
devoir en rechercher la cause. Je vis bientôt
qu'elle ne pouvait être que l'ellipticité du sphé-
roïde terrestre , négligée jusqu'alors dans la théorie du mouvement lunaire , comme ne devant y
produire que des termes insensibles. J'en conclus
que ces termes deviennent sensibles par les intégrations successives des équations différentielles.
Je déterminai donc ces termes , par une analyse
particulière ; et je découvris d'abord , l'inégalité
du mouvement lunaire en latitude , qui est proportionnelle au sinus de la longitude de la lune ,
et qu'aucun astronome n'avait encore soupçon-
née. Je reconnus ensuite , au moyen de cette
inégalité , qu'il en existe une autre dans le mouvement lunaire en longitude , qui produit la diminution observée par Mayer dans l'équation de
la précession , applicable à la lune. La quantité
de cette diminution , et le coefficient de l'inégalité précédente en latitude , sont très propres
à fixer l'aplatissement de la terre. Ayant fait
part de mes recherches à M. Burg qui s'occu-
pait alors à perfectionner les tables de la lune ,
par la comparaison de toutes les bonnes obser-

vations ; je le priai de déterminer avec un soin particulier, ces deux quantités. Par un accord très remarquable , les valeurs qu'il a trouvées , donnent à la terre, le même aplatissement $\frac{1}{305}$, aplatissement qui diffère peu du milieu conclu des mesures des degrés du méridien , et du pendule; mais qui, vu l'influence des erreurs des observations et des causes perturbatrices, sur ces mesures, me paraît plus exactement déterminé par ces inégalités lunaires.

Ce fut encore par la considération des probabilités, que je reconnus la cause de l'équation séculaire de la lune. Les observations modernes de cet astre, comparées aux anciennes éclipses , avaient indiqué aux astronomes, une accélération dans le mouvement lunaire ; mais les géomètres, et particulièrement Lagrange, ayant inutilement cherché dans les perturbations que ce mouvement éprouve, les termes dont cette accélération dépend, ils la rejetèrent. Un examen attentif des observations anciennes et modernes , et des éclipses intermédiaires observées par les Arabes, me fit voir qu'elle était indiquée avec une grande probabilité. Je repris alors sous ce point de vue, la théorie lunaire, et je reconnus que l'équation séculaire de la lune est due à l'action du soleil sur ce satellite , combinée avec la

variation séculaire de l'excentricité de l'orbe terrestre; ce qui me fit découvrir les équations séculaires des mouvemens des nœuds et du périgée de l'orbite lunaire, équations qui n'avaient
pas même été soupçonnées par les astronomes.
L'accord très remarquable de cette théorie, avec
toutes les observations anciennes et modernes,
l'a portée au plus haut degré d'évidence.

Le calcul des probabilités m'a conduit pareillement à la cause des grandes irrégularités de
Jupiter et de Saturne. En comparant les observations modernes aux anciennes, Halley trouva
une accélération dans le mouvement de Jupiter,
et un ralentissement dans celui de Saturne. Pour
concilier les observations, il assujettit ces mouvemens, à deux équations séculaires de signes
contraires, et croissantes comme les carrés des
temps écoulés depuis 1700. Euler et Lagrange
soumirent à l'Analyse, les altérations que devait
produire dans ces mouvemens, l'attraction mutuelle des deux planètes. Ils y trouvèrent des
équations séculaires; mais leurs résultats étaient
si différens, que l'un d'eux au moins, devait être
erroné. Je me déterminai donc à reprendre ce
problème important de la Mécanique céleste, et
je reconnus l'invariabilité des moyens mouvemens planétaires; ce qui fit disparaître les équa-

tions séculaires introduites par Halley, dans les
tables de Jupiter et de Saturne. Il ne restait
ainsi, pour expliquer les grandes irrégularités
de ces planètes, que les attractions des comètes
auxquelles plusieurs astronomes eurent effecti-
vement recours, ou l'existence d'une inégalité à
longue période, produite dans les mouvemens
des deux planètes par leur action réciproque, et
affectée de signes contraires pour chacune d'elles.
Un théorème que je trouvai sur les inégalités de
ce genre, me rendit cette inégalité, très vraisemblable. Suivant ce théorème, si le mouvement de Jupiter s'accélère, celui de Saturne se
ralentit, ce qui est déjà conforme à ce que Halley
avait remarqué : de plus, l'accélération de Jupiter, résultante du même théorème, est au ralentissement de Saturne, à très peu près dans le rapport des équations séculaires proposées par Halley.
En considérant les moyens mouvemens de Jupiter
et de Saturne, il me fut aisé de reconnaître que
deux fois celui de Jupiter, ne diffère que d'une
très petite quantité, de cinq fois celui de Saturne.
La période d'une inégalité qui aurait pour argument cette différence, serait d'environ neuf siècles.
A la vérité, son coefficient serait de l'ordre des
cubes des excentricités des orbites ; mais je sa-
vais qu'en vertu des intégrations successives, il

acquiert pour diviseur, le carré du très petit multiplicateur du temps dans l'argument de cette inégalité, ce qui peut lui donner une grande valeur ; l'existence de cette inégalité me parut donc très probable. La remarque suivante accrut encore sa probabilité. En supposant son argument nul, vers l'époque des observations de Ticho-Brahé ; je vis que Halley avait dû trouver par la comparaison des observations modernes aux anciennes, les altérations qu'il avait indiquées ; tandis que la comparaison des observations modernes entre elles, devait offrir des altérations contraires et pareilles à celles que Lambert avait conclues de cette comparaison. Je n'hésitai donc point à entreprendre le calcul long et pénible, nécessaire pour m'assurer de l'existence de cette inégalité. Elle fut entièrement confirmée par le résultat de ce calcul qui, de plus, me fit connaître un grand nombre d'autres inégalités dont l'ensemble a porté les tables de Jupiter et de Saturne, à la précision des observations mêmes.

Ce fut encore au moyen du calcul des probabilités, que je reconnus la loi remarquable des mouvemens moyens des trois premiers satellites de Jupiter, suivant laquelle la longitude moyenne du premier, moins trois fois celle du second, plus deux fois celle du troisième, est rigoureuse-

ment égale à la demi-circonférence. L'approximation avec laquelle les moyens mouvemens de
ces astres satisfont à cette loi depuis leur découverte, indiquait son existence avec une vraisemblance extrême; j'en cherchai donc la cause,
dans leur action mutuelle. L'examen approfondi
de cette action, me fit voir qu'il a suffi qu'à
l'origine, les rapports de leurs moyens mouvemens aient approché de cette loi, dans certaines
limites, pour que leur action mutuelle l'ait établie et la maintienne en rigueur. Ainsi ces trois
corps se balanceront éternellement dans l'espace, suivant la loi précédente; à moins que des
causes étrangères, telles que les comètes, ne
viennent changer brusquement leurs mouvemens autour de Jupiter.

On voit par là, combien il faut être attentif
aux indications de la nature, lorsqu'elles sont
le résultat d'un grand nombre d'observations;
quoique d'ailleurs, elles soient inexplicables
par les moyens connus. L'extrême difficulté
des problèmes relatifs au système du monde,
a forcé les géomètres de recourir à des approximations qui laissent toujours à craindre que
les quantités négligées n'aient une influence
sensible. Lorsqu'ils ont été avertis de cette influence, par les observations; ils sont revenus

sur leur analyse : en la rectifiant, ils ont toujours retrouvé la cause des anomalies observées ; ils en ont déterminé les lois, et souvent,
ils ont devancé l'observation, en découvrant
des inégalités qu'elle n'avait pas encore indiquées. Ainsi l'on peut dire que la nature elle-
même a concouru à la perfection analytique
des théories fondées sur le principe de la pesanteur universelle ; et c'est, à mon sens, une des
plus fortes preuves de la vérité de ce principe
admirable.

Dans les cas que je viens de considérer, la
solution analytique des questions, a converti
la probabilité des causes, en certitude. Mais le
plus souvent cette solution est impossible, et
il ne reste qu'à augmenter de plus en plus,
cette probabilité. Au milieu des nombreuses et
incalculables modifications que l'action des causes reçoit alors des circonstances étrangères ; ces
causes conservent toujours avec les effets observés, des rapports propres à les faire reconnaître et à vérifier leur existence. En déterminant ces rapports, et en les comparant avec un
grand nombre d'observations ; si l'on trouve
qu'ils y satisfont constamment, la probabilité des
causes pourra s'en accroître au point d'égaler celle
des faits sur lesquels on ne se permet aucun

doute. La recherche de ces rapports des causes à leurs effets, n'est pas moins utile dans la philosophie naturelle, que la solution directe des problèmes, soit pour vérifier la réalité de ces causes, soit pour déterminer les lois de leurs effets : pouvant être employée dans un grand nombre de questions dont la solution directe n'est pas possible, elle la remplace de la manière la plus avantageuse. Je vais exposer ici l'application que j'en ai faite à l'un des plus intéressans phénomènes de la nature, au flux et au reflux de la mer.

Pline le naturaliste a donné de ce phénomène, une description remarquable par son exactitude, et dans laquelle on voit que les anciens avaient observé que les marées de chaque mois sont les plus grandes vers les syzygies, et les plus petites vers les quadratures ; qu'elles sont plus hautes dans le périgée que dans l'apogée de la lune, et dans les équinoxes, que dans les solstices. Ils en avaient conclu que ce phénomène est dû à l'action du soleil et de la lune sur la mer. Dans la préface de son ouvrage *De Stella Martis*, Képler admit une tendance des eaux de la mer vers la lune ; mais ignorant la loi de cette tendance, il ne put donner sur cet objet, qu'un aperçu vraisemblable. Newton convertit en certitude la probabilité de cet aperçu, en le ratta-

chant à son grand principe de la pesanteur universelle. Il donna l'expression exacte des forces
attractives qui produisent le flux et le reflux de
la mer ; et pour en déterminer les effets , il
supposa que la mer prend à chaque instant, la
figure d'équilibre qui convient à ces forces. Il
expliqua de cette manière les principaux phénomènes des marées; mais il suivait de cette théorie , que dans nos ports , les deux marées du
même jour seraient fort inégales, lorsque le soleil
et la lune auraient une grande déclinaison. A
Brest , par exemple, la marée du soir serait dans
les syzygies des solstices , environ huit fois plus
grande que la marée du matin ; ce qui est entièrement contraire aux observations qui prouvent
que ces deux marées sont à fort peu près égales.
Ce résultat de la théorie newtonienne pouvait
tenir à la supposition que la mer parvient à chaque instant à la figure d'équilibre , supposition
qui n'est pas admissible. Mais la recherche de la
vraie figure de la mer présentait de grandes difficultés. Aidé par les découvertes que les géomètres venaient de faire sur la théorie du mouvement des fluides et sur le calcul aux différences partielles ; j'entrepris cette recherche, et
je donnai les équations différentielles du mouvement de la mer, en supposant qu'elle recouvre

la terre entière. En me rapprochant ainsi, de la nature, j'eus la satisfaction de voir que mes résultats se rapprochaient des observations, surtout à l'égard du peu de différence qui existe dans nos ports, entre les deux marées syzygies solsticiales d'un même jour. Je trouvai qu'elles seraient égales, si la mer avait partout la même profondeur; je trouvai encore qu'en donnant à cette profondeur, des valeurs convenables, on pouvait augmenter la hauteur des marées dans un port, conformément aux observations. Mais ces recherches, malgré leur généralité, ne satisfaisaient point aux grandes différences que présentent, à cet égard, des ports même très voisins, et qui prouvent l'influence des circonstances locales. L'impossibilité de connaître ces circonstances et l'irrégularité du bassin des mers, et celle d'intégrer les équations aux différences partielles qui y sont relatives, m'a forcé d'y suppléer par la méthode que j'ai ci-dessus indiquée. J'ai donc cherché à déterminer le plus de rapports, qu'il est possible, entre les forces qui sollicitent toutes les molécules de la mer, et leurs effets observables dans nos ports. Pour cela j'ai fait usage du principe suivant, qui peut s'appliquer à beaucoup d'autres phénomènes.

8..

« L'état d'un système de corps, dans lequel les
» conditions primitives du mouvement ont dis-
» paru par les résistances que ce mouvement
» éprouve, est périodique comme les forces qui
» l'animent. »

En combinant ce principe, avec celui de la
coexistence des oscillations très petites; je suis
parvenu à une expression de la hauteur des marées, dont les arbitraires comprennent l'effet des
circonstances locales de chaque port, et sont réduites au plus petit nombre possible : il ne s'agissait plus que de la comparer à un grand nombre
d'observations.

Sur l'invitation de l'Académie des Sciences,
on fit à Brest, au commencement du dernier
siècle, des observations des marées, qui furent
continuées pendant les six années consécutives.
La situation de ce port est très favorable à ce
genre d'observations : il communique avec la
mer, par un canal qui aboutit à une rade fort
vaste, au fond de laquelle le port a été construit. Les irrégularités de la mer parviennent
ainsi dans ce port, très affaiblies; à peu près,
comme les oscillations que le mouvement irrégulier d'un vaisseau, produit dans le baromètre,
sont atténuées par un étranglement fait au tube
de cet instrument. D'ailleurs les marées étant

considérables à Brest, les variations accidentelles
causées par les vents n'en sont qu'une faible partie : aussi l'on remarque dans les observations de
ces marées, pour peu qu'on les multiplie, une
grande régularité qui me fit proposer au gouvernement, d'ordonner dans ce port, une nouvelle suite d'observations des marées, continuée
pendant une période du mouvement des nœuds
de l'orbite lunaire. C'est ce que l'on a entrepris.
Ces observations datent du 1er juin de l'année 1806 ; et depuis cette époque, elles ont été
faites, chaque jour, sans interruption. Je dois
au zèle infatigable de M. Bouvard, pour tout ce
qui intéresse l'Astronomie, les calculs immenses
que la comparaison de mon analyse avec les observations, a exigés. Il y a employé près de six
mille observations faites pendant l'année 1807 et
les quinze années suivantes. Il résulte de cette
comparaison, que mes formules représentent avec
une précision remarquable, toutes les variétés
des marées, relatives à l'élongation de la lune
au soleil, aux déclinaisons de ces astres, à leurs
distances à la terre et aux lois de variation près
du *maximum* et du *minimum* de chacun de ces
élémens. Il résulte de cet accord, une probabilité que le flux et le reflux de la mer est dû à
l'attraction du soleil et de la lune, si appro-

chante de la certitude, qu'elle ne doit laisser lieu à aucun doute raisonnable. Elle se change en certitude quand on considère que cette attraction dérive de la loi de la pesanteur universelle démontrée par tous les phénomènes célestes.

L'action de la lune sur la mer est plus que double de celle du soleil. Newton et ses successeurs n'avaient eu égard, dans le développement de cette action, qu'aux termes divisés par le cube de la distance de la lune à la terre, jugeant que les effets dus aux termes suivans devaient être insensibles. Mais le calcul des probabilités fait voir que les plus petits effets des causes régulières peuvent se manifester dans les résultats d'un très grand nombre d'observations disposées dans l'ordre le plus propre à les indiquer. Ce calcul détermine encore leur probabilité, et jusqu'à quel point il faut multiplier les observations pour la rendre fort grande. En l'appliquant aux nombreuses observations discutées par M. Bouvard ; j'ai reconnu qu'à Brest, l'action de la lune sur la mer est plus grande dans les pleines lunes que dans les nouvelles lunes, et lorsque la lune est australe, que lorsqu'elle est boréale ; phénomènes qui ne peuvent résulter que des termes de l'action lunaire, divisés par la quatrième puissance de la distance de la lune à la terre.

Pour arriver à l'Océan, l'action du soleil et de la lune traverse l'atmosphère qui doit par conséquent en éprouver l'influence, et être assujettie à des mouvemens semblables à ceux de la mer. Ces mouvemens produisent dans le baromètre, des oscillations périodiques. L'analyse m'a fait voir qu'elles sont insensibles dans nos climats. Mais comme les circonstances locales accroissent considérablement les marées dans nos ports ; j'ai recherché si des circonstances pareilles ont rendu sensibles, ces oscillations du baromètre. Pour cela, j'ai fait usage des observations météorologiques que l'on fait, chaque jour, depuis plusieurs années à l'Observatoire royal. Les hauteurs du baromètre et du thermomètre y sont observées à neuf heures du matin, à midi, à trois heures et à onze heures du soir. M. Bouvard a bien voulu relever sur ses registres les observations des huit années écoulées depuis le 1er octobre 1815 jusqu'au 1er octobre 1823. En disposant ces observations, de la manière la plus propre à indiquer le flux lunaire atmosphérique à Paris, je ne trouve qu'un dix-huitième de millimètre pour l'étendue de l'oscillation correspondante du baromètre. C'est ici, surtout, que se fait sentir la nécessité d'une méthode pour déterminer la probabilité d'un résultat, méthode

sans laquelle on est exposé à présenter comme
lois de la nature, les effets des causes irrégulières ; ce qui est arrivé souvent en Météorolo-
gie. Cette méthode appliquée au résultat précédent, en montre l'incertitude, malgré le grand
nombre d'observations employées, qu'il faudrait décupler pour obtenir un résultat suffisamment probable.

Le principe qui sert de base à ma théorie des
marées, peut s'étendre à tous les effets du hasard
auquel se joignent des causes variables suivant
des lois régulières. L'action de ces causes produit dans les résultats moyens d'un grand nombre d'effets, des variétés qui suivent les mêmes
lois, et que l'on peut reconnaître par l'analyse
des probabilités. A mesure que les effets se multiplient, ces variétés se manifestent avec une
probabilité toujours croissante qui se confon-
drait avec la certitude, si le nombre de ces effets
devenait infini. Ce théorème est analogue à celui
que j'ai développé précédemment sur l'action des
causes constantes. Toutes les fois donc qu'une
cause dont la marche est régulière, peut influer
sur un genre d'évènemens ; nous pouvons chercher à reconnaître son influence, en multipliant
les observations et en les disposant dans l'ordre
le plus propre à l'indiquer. Quand cette influence

paraît se manifester ; l'analyse des probabilités
détermine la probabilité de son existence et celle
de son intensité. Ainsi la variation de la température du jour à la nuit, pouvant modifier la
pression de l'atmosphère, et par conséquent les
hauteurs du baromètre ; il est naturel de penser
que des observations multipliées de ces hauteurs
doivent manifester l'influence de la chaleur solaire. En effet, on a reconnu depuis long-temps
à l'équateur où cette influence paraît être la plus
grande, une petite variation diurne dans la hauteur du baromètre, dont le *maximum* a lieu
vers neuf heures du matin, et le *minimum* vers
trois heures du soir. Un second *maximum* a
lieu vers onze heures du soir, et le second *minimum* vers quatre heures du matin. Les oscillations de la nuit sont moindres que celles du
jour, dont l'étendue est d'environ deux milli-
mètres. L'inconstance de nos climats n'a point
dérobé cette variation à nos observateurs, quoiqu'elle y soit moins sensible qu'entre les tropiques. M. Ramond l'a reconnue et déterminée à
Clermont, chef-lieu du département du Puy-de-
Dôme, par une suite d'observations précises,
faites pendant plusieurs années ; il a même
trouvé qu'elle est plus petite dans les mois d'hiver, que dans les autres mois. Les nombreuses

observations que j'ai discutées pour reconnaître l'influence des attractions du soleil et de la lune sur les hauteurs barométriques à Paris, m'ont servi à déterminer leur variation diurne. En comparant les hauteurs de neuf heures du matin à celles des mêmes jours à trois heures du soir; cette variation s'y manifeste avec une telle évidence , que sa valeur moyenne de chaque mois a été constamment positive pour chacun des 72 mois écoulés depuis le 1er janvier 1817, jusqu'au 1er janvier 1823 : sa valeur moyenne dans ces 72 mois a été à fort peu près , huit dixièmes de millimètre , un peu plus petite qu'à Clermont , et beaucoup moindre qu'à l'équateur. J'ai reconnu que le résultat moyen des variations diurnes du baromètre , de neuf heures du matin , à trois heures du soir, n'a été que de 0^{m},5428 dans les trois mois de novembre , décembre et janvier, et qu'il s'est élevé à 1^{m},0563 dans les trois mois suivans; ce qui coïncide avec les observations de M. Ramond. Les autres mois ne m'ont offert rien de semblable.

Pour appliquer à ce phénomène le calcul des probabilités, j'ai commencé par déterminer la loi de probabilité des anomalies de la variation diurne, dues au hasard. En l'appliquant ensuite aux observations de ce phénomène , j'ai trouvé qu'il y a plus de trois cent mille à parier contre un, qu'une cause régulière le produit. Je ne cherche point à déterminer cette cause : je me borne à constater son existence. La période de la variation diurne, réglée sur le jour solaire, indique évidemment que cette variation est due à l'action du soleil. L'extrême petitesse de l'action attractive du soleil sur l'atmosphère, est prouvée par la petitesse des effets dus aux attractions réunies du soleil et de la lune. C'est donc par l'action de sa chaleur, que le soleil produit la variation diurne du baromètre; mais il est impossible de soumettre au calcul, les effets de cette action sur la hauteur du baromètre et sur les vents.

La variation diurne de l'aiguille aimantée, est certainement un effet de l'action du soleil. Mais cet astre agit-il ici, comme dans la variation diurne du baromètre, par sa chaleur, ou par son influence sur l'électricité et sur le magnétisme, ou enfin par la réunion de ces influences? c'est ce qu'une longue suite d'observations faites dans divers pays pourra nous apprendre.

L'un des phénomènes les plus remarquables du système du monde, est celui de tous les mouvemens de rotation et de révolution des planètes et des satellites, dans le sens de la rotation du soleil, et à peu près dans le plan de son équateur. Un phénomène aussi remarquable n'est point l'effet du hasard : il indique une cause générale qui a déterminé tous ses mouvemens. Pour avoir la probabilité avec laquelle cette cause est indiquée; nous observerons que le système planétaire tel que nous le connaissons aujourd'hui, est composé d'onze planètes et de dix-huit satellites, du moins si l'on attribue avec Herschel, six satellites à la planète Uranus. On a reconnu les mouvemens de rotation du soleil, de six planètes, de la lune, des satellites de Jupiter, de l'anneau de Saturne, et d'un de ses satellites. Ces mouvemens forment avec ceux de révolution, un ensemble de quarante-trois mouvemens dirigés dans le même sens; or on trouve par l'analyse des probabilités, qu'il y a plus de quatre mille milliards à parier contre un, que cette disposition n'est pas l'effet du hasard; ce qui forme une probabilité bien supérieure à celle des évènemens historiques sur lesquels on ne se permet aucun doute. Nous devons donc croire, au moins avec la même confiance, qu'une cause primitive a dirigé les mouvemens planétaires; surtout si nous considérons que l'inclinaison du plus grand nombre de ces mouvemens à l'équateur solaire, est fort petite.

Un autre phénomène également remarquable du système solaire, est le peu d'excentricité des orbes des planètes et des satellites, tandis que ceux des comètes sont très alongés : les orbes de ce système n'offrant point de nuances intermédiaires entre une grande et une petite excentricité. Nous sommes encore forcés de reconnaître ici l'effet d'une cause régulière : le hasard n'eût point donné une forme presque circulaire aux orbes de toutes les planètes et de leurs satellites ; il est donc nécessaire que la cause qui a déterminé les mouvemens de ces corps, les ait rendus presque circulaires. Il faut encore que les grandes excentricités des orbes des comètes résultent de l'existence de cette cause, sans qu'elle ait influé sur les directions de leurs mouvemens ; car on trouve qu'il y a presque autant de comètes rétrogrades, que de comètes directes, et que l'inclinaison moyenne de tous leurs orbes à l'écliptique, approche très près d'un demi-angle droit, comme cela doit être, si ces corps ont été lancés au hasard.

Quelle que soit la nature de la cause dont il s'agit, puisqu'elle a produit ou dirigé les mouvemens des planètes, il faut qu'elle ait embrassé tous ces corps ; et vu les distances qui les séparent, elle ne peut avoir été qu'un fluide d'une immense étendue : pour leur avoir donné dans le même sens, un mouvement presque circulaire autour du soleil, il faut que ce fluide ait environné cet astre, comme une atmosphère. La considération des mouvemens planétaires nous conduit donc à penser qu'en vertu d'une chaleur excessive, l'atmosphère du soleil s'est primitivement étendue au-delà des orbes de toutes les planètes, et qu'elle s'est resserrée successivement jusqu'à ses limites actuelles.

Dans l'état primitif où nous supposons le soleil, il ressemblait aux nébuleuses que le télescope nous montre composées d'un noyau plus ou moins brillant, entouré d'une nébulosité qui, en se condensant à la surface du noyau, doit le transformer, un jour, en étoile. Si l'on conçoit par analogie, toutes les étoiles formées de cette manière; on peut imaginer leur état antérieur de nébulosité, précédé lui-même par d'autres états dans lesquels la matière nébuleuse était de plus en plus diffuse, le noyau étant de moins en moins lumineux et dense. On arrive ainsi, en remontant aussi loin qu'il est possible, à une nébulosité tellement diffuse, que l'on pourrait à peine en soupçonner l'existence.

Tel est, en effet, le premier état des nébuleuses que Herschel a observées avec un soin particulier, au moyen de ses puissans télescopes, et dans lesquelles il a suivi les progrès de la condensation, non sur une seule, ces progrès ne pouvant devenir sensibles pour nous, qu'après des siècles, mais sur leur ensemble ; à peu près comme on peut dans une vaste forêt, suivre l'accroissement des arbres, sur les individus de divers âges, qu'elle renferme. Il a d'abord observé la matière nébuleuse répandue en amas divers, dans les différentes parties du ciel dont elle occupe une grande étendue. Il a vu dans quelques-uns de ces amas, cette matière faiblement condensée autour d'un ou de plusieurs noyaux peu brillans. Dans d'autres nébuleuses, ces noyaux brillent davantage relativement à la nébulosité qui les environne. Les atmosphères de chaque noyau, venant à se séparer par une condensation ultérieure, il en résulte des nébuleuses multiples formées de noyaux brillans très voisins et environnés, chacun, d'une atmosphère : quelquefois, la matière nébuleuse en se condensant d'une manière uniforme, a produit les nébuleuses que l'on nomme *planétaires*. Enfin, un plus grand degré de condensation transforme toutes ces nébuleuses, en étoiles. Les nébuleuses classées d'après cette vue philosophique, indiquent avec une extrême vraisemblance, leur transformation future en étoiles, et l'état antérieur de nébulosité, des étoiles existantes. Les considérations suivantes viennent à l'appui des preuves tirées de ces analogies.

Depuis long-temps, la disposition particulière de quelques étoiles visibles à la vue simple, a frappé des observateurs philosophes. Mitchel a déjà remarqué combien il est peu probable que les étoiles des Pléiades, par exemple, aient été resserrées dans l'espace étroit qui les renferme, par les seules chances du hasard; et il en a conclu que ce groupe d'étoiles, et les groupes semblables que le ciel nous présente, sont les effets d'une cause primitive, ou d'une loi générale de la nature. Ces groupes sont un résultat nécessaire de la condensation des nébuleuses à plusieurs noyaux; car il est visible que la matière nébuleuse étant sans cesse attirée par ces noyaux divers; ils doivent former à la longue un groupe d'étoiles, pareil à celui des Pléiades. La condensation des nébuleuses à deux noyaux forme semblablement des étoiles très rapprochées tournant l'une autour de l'autre, pareilles à celles dont Herschel a déjà considéré les mouvemens respectifs. Telles sont encore la soixante-unième du Cygne et sa suivante, dans lesquelles Bessel

vient de reconnaître des mouvemens propres ,
si considérables et si peu différens, que la proximité de ces astres entre eux, et leur mouvement
autour de leur centre commun de gravité, ne
doivent laisser aucun doute. Ainsi, l'on descend
par les progrès de condensation de la matière
nébuleuse, à la considération du soleil environné
autrefois d'une vaste atmosphère, considération
à laquelle on remonte, comme on l'a vu, par
l'examen des phénomènes du système solaire.
Une rencontre aussi remarquable donne à l'existence de cet état antérieur du soleil, une probabilité fort approchante de la certitude.

Mais comment l'atmosphère solaire a-t-elle
déterminé les mouvemens de rotation et de révolution des planètes et des satellites? Si ces corps
avaient pénétré profondément dans cette atmosphère, sa résistance les aurait fait tomber sur
le soleil; on est donc conduit à croire avec beaucoup de vraisemblance, que les planètes ont été
formées aux limites successives de l'atmosphère
solaire qui en se resserrant par le refroidissement, a dû abandonner dans le plan de son
équateur, des zones de vapeurs que l'attraction
mutuelle de leurs molécules a changées en divers
sphéroïdes. Les satellites ont été pareillement

formés par les atmosphères de leurs planètes respectives.

J'ai développé avec étendue, dans mon *Exposition du Système du monde,* cette hypothèse qui me paraît satisfaire à tous les phénomènes que ce système nous présente. Je me bornerai ici à considérer que la vitesse angulaire de rotation du soleil et des planètes, s'étant accélérée par la condensation successive de leurs atmosphères à leurs surfaces; elle doit surpasser la vitesse angulaire de révolution des corps les plus voisins qui circulent autour d'eux. C'est, en effet, ce que l'observation confirme à l'égard des planètes et des satellites, et même par rapport à l'anneau de Saturne dont la durée de révolution est $0^j,438$, tandis que la durée de rotation de Saturne est $0^j,427$.

Dans cette hypothèse, les comètes sont étrangères au système planétaire. En attachant leur formation, à celle des nébuleuses; on peut les regarder comme de petites nébuleuses à noyaux, errantes de systèmes en systèmes solaires, et formées par la condensation de la matière nébuleuse répandue avec tant de profusion dans l'univers. Les comètes seraient ainsi par rapport à notre système, ce que les aérolithes sont relativement à la terre, à laquelle ils paraissent étrangers.

Lorsque ces astres deviennent visibles pour nous, ils offrent une ressemblance si parfaite avec les nébuleuses, qu'on les confond souvent avec elles ; et ce n'est que par leur mouvement, ou par la connaissance de toutes les nébuleuses renfermées dans la partie du ciel où ils se montrent, qu'on parvient à les en distinguer. Cette supposition explique d'une manière heureuse, la grande extension que prennent les têtes et les queues des comètes, à mesure qu'elles approchent du soleil, et l'extrême rareté de ces queues qui malgré leur immense profondeur, n'affaiblissent point sensiblement l'éclat des étoiles que l'on voit à travers.

Lorsque de petites nébuleuses parviennent dans la partie de l'espace où l'attraction du soleil est prédominante, et que nous nommerons *sphère d'activité* de cet astre ; il les force à décrire des orbes elliptiques ou hyperboliques. Mais leur vitesse étant également possible suivant toutes les directions, elles doivent se mouvoir indifféremment dans tous les sens et sous toutes les inclinaisons à l'écliptique ; ce qui est conforme à ce que l'on observe.

La grande excentricité des orbes cométaires, résulte encore de l'hypothèse précédente. En effet, si ces orbes sont elliptiques, ils sont très alon-

gés ; puisque leurs grands axes sont au moins
égaux au rayon de la sphère d'activité du soleil.
Mais ces orbes peuvent être hyperboliques, et si
les axes de ces hyperboles ne sont pas très grands
par rapport à la moyenne distance du soleil à la
terre, le mouvement des comètes qui les décrivent, paraîtra sensiblement hyperbolique. Cependant sur cent comètes dont on a déjà les
élémens, aucune n'a paru certainement se mouvoir dans une hyperbole ; il faut donc que les
chances qui donnent une hyperbole sensible,
soient extrêmement rares par rapport aux chances contraires.

Les comètes sont si petites, que pour devenir visibles, leur distance périhélie doit être peu
considérable. Jusqu'à présent cette distance n'a
surpassé que deux fois, le diamètre de l'orbe terrestre, et le plus souvent, elle a été au–dessous
du rayon de cet orbe. On conçoit que pour approcher si près du soleil, leur vitesse au moment de leur entrée dans sa sphère d'activité,
doit avoir une grandeur et une direction, comprises dans d'étroites limites. En déterminant par
l'analyse des probabilités, le rapport des chances
qui dans ces limites, donnent une hyperbole
sensible, aux chances qui donnent un orbe que
l'on puisse confondre avec une parabole ; j'ai

trouvé qu'il y a six mille au moins, à parier
contre l'unité, qu'une nébuleuse qui pénètre
dans la sphère d'activité du soleil, de manière
à pouvoir être observée, décrira ou une ellipse
très alongée, ou une hyperbole qui par la grandeur de son axe, se confondra sensiblement avec
une parabole, dans la partie que l'on observe ;
il n'est donc pas surprenant que jusqu'ici, l'on
n'ait point reconnu de mouvemens hyperboliques.

L'attraction des planètes, et peut-être encore
la résistance des milieux éthérés, a dû changer
plusieurs orbes cométaires, dans des ellipses
dont le grand axe est moindre que le rayon de
la sphère d'activité du soleil ; ce qui augmente
les chances des orbes elliptiques. On peut croire
que ce changement a eu lieu pour la comète de
1759, et pour la comète dont le période n'est
que de douze cents jours, et qui reparaîtra sans
cesse dans ce court intervalle, à moins que l'éva-
poration qu'elle éprouve à chacun de ses retours
au périhélie, ne finisse par la rendre invisible.

On peut encore, par l'analyse des probabilités, vérifier l'existence ou l'influence de certaines
causes dont on a cru remarquer l'action sur les
êtres organisés. De tous les instrumens que nous
pouvons employer pour connaître les agens im-

perceptibles de la nature, les plus sensibles sont les nerfs, surtout lorsque des causes particulières exaltent leur sensibilité. C'est par leur moyen qu'on a découvert la faible électricité que développe le contact de deux métaux hétérogènes ; ce qui a ouvert un champ vaste aux recherches des physiciens et des chimistes. Les phénomènes singuliers qui résultent de l'extrême sensibilité des nerfs dans quelques individus, ont donné naissance à diverses opinions sur l'existence d'un nouvel agent que l'on a nommé *magnétisme animal*, sur l'action du magnétisme ordinaire, et sur l'influence du soleil et de la lune, dans quelques affections nerveuses; enfin sur les impressions que peut faire éprouver la proximité des métaux ou d'une eau courante. Il est naturel de penser que l'action de ces causes est très faible, et qu'elle peut être facilement troublée par des circonstances accidentelles ; ainsi, parce que dans quelques cas, elle ne s'est point manifestée, on ne doit pas rejeter son existence. Nous sommes si loin de connaître tous les agens de la nature et leurs divers modes d'action, qu'il serait peu philosophique de nier les phénomènes, uniquement parce qu'ils sont inexplicables dans l'état actuel de nos connaissances. Seulement, nous devons les examiner avec une attention d'autant plus scrupuleuse, qu'il paraît plus difficile de les admettre ; et c'est ici que le calcul des probabilités devient indispensable , pour déterminer jusqu'à quel point il faut multiplier les observations ou les expériences , afin d'obtenir en faveur des agens qu'elles indiquent, une probabilité supérieure aux raisons que l'on peut avoir d'ailleurs, de ne pas les admettre.

Le calcul des probabilités peut faire apprécier les avantages et les inconvéniens des méthodes employées dans les sciences conjecturales. Ainsi , pour reconnaître le meilleur des traitemens en usage dans la guérison d'une maladie , il suffit d'éprouver chacun d'eux sur un même nombre de malades, en rendant toutes les circonstances parfaitement semblables : la supériorité du traitement le plus avantageux se manifestera de plus en plus, à mesure que ce nombre s'accroîtra ; et le calcul fera connaître la probabilité correspondante de son avantage, et du rapport suivant lequel il est supérieur aux autres.

Application du Calcul des Probabilités aux
sciences morales.

On vient de voir les avantages de l'analyse des probabilités, dans la recherche des lois des phénomènes naturels dont les causes sont inconnues ou trop compliquées pour que leurs effets puissent être soumis au calcul. C'est le cas de presque tous les objets des sciences morales. Tant de causes imprévues, ou cachées, ou inappréciables, influent sur les institutions humaines, qu'il est impossible d'en juger *à priori* les résultats. La série des évènemens que le temps amène, développe ces résultats, et indique les moyens de remédier à ceux qui sont nuisibles. On a souvent fait à cet égard, des lois sages; mais, parce que l'on avait négligé d'en conserver les motifs, plusieurs ont été abrogées comme inutiles, et il a fallu pour les rétablir, que de fâcheuses expériences en aient fait de nouveau sentir le besoin. Il est donc bien important de tenir dans chaque branche de l'administration publique, un registre exact des effets qu'ont produits les divers moyens dont on a fait usage, et qui sont autant d'expériences faites en grand, par les gouvernemens. Appliquons aux sciences politiques et morales, la méthode fondée sur l'observation et sur le calcul, méthode qui nous a si bien servi dans les sciences naturelles. N'opposons point une résistance inutile et souvent dangereuse, aux effets inévitables du progrès des lumières ; mais ne changeons qu'avec une circonspection extrême, nos institutions et les usages auxquels nous sommes depuis long-temps pliés. Nous connaissons bien par l'expérience du passé, les inconvéniens qu'ils présentent ; mais nous ignorons quelle est l'étendue des maux que leur changement peut produire. Dans cette ignorance, la théorie des probabilités prescrit d'éviter tout changement : surtout il faut éviter les changemens brusques qui dans l'ordre moral, comme dans l'ordre physique, ne s'opèrent jamais sans une grande perte de force vive.

Déjà, le calcul des probabilités a été appliqué avec succès à plusieurs objets des sciences morales. Je vais en présenter ici, les principaux résultats.

De la Probabilité des témoignages.

La plupart de nos jugemens étant fondés sur la probabilité des témoignages, il est bien important de la soumettre au calcul. La chose, il

est vrai , devient souvent impossible , par la difficulté d'apprécier la véracité des témoins , et
par le grand nombre de circonstances dont les
faits qu'ils attestent, sont accompagnés. Mais
on peut dans plusieurs cas, résoudre des problèmes qui ont beaucoup d'analogie avec les questions qu'on se propose , et dont les solutions peuvent être regardées comme des approximations
propres à nous guider et à nous garantir des erreurs et des dangers auxquels de mauvais raisonnemens nous exposent. Une approximation de ce
genre , lorsqu'elle est bien conduite , est toujours
préférable aux raisonnemens les plus spécieux.
Essayons donc de donner quelques règles générales pour y parvenir.

On a extrait un seul numéro, d'une urne qui
en renferme mille. Un témoin de ce tirage annonce que le n° 79 est sorti ; on demande la probabilité de cette sortie. Supposons que l'expérience ait fait connaître que ce témoin trompe
une fois sur dix, en sorte que la probabilité de son
témoignage soit $\frac{1}{10}$. Ici, l'évènement observé est
le témoin attestant que le n° 79 est sorti. Cet évènement peut résulter des deux hypothèses suivantes, savoir, que le témoin énonce la vérité,
ou qu'il trompe. Suivant le principe que nous
avons exposé sur la probabilité des causes, tirée

des évènemens observés , il faut d'abord déterminer *à priori*, la probabilité de l'évènement dans
chaque hypothèse. Dans la première, la probabilité que le témoin annoncera le n° 79, est la
probabilité même de la sortie de ce numéro,
c'est-à-dire $\frac{1}{1000}$. Il faut la multiplier par la probabilité $\frac{9}{10}$ de la véracité du témoin ; on aura
donc $\frac{9}{10000}$ pour la probabilité de l'évènement
observé, dans cette hypothèse. Si le témoin
trompe, le n° 79 n'est pas sorti ; et la probabilité
de ce cas est $\frac{999}{1000}$. Mais pour annoncer la sortie
de ce numéro, le témoin doit le choisir parmi
les 999 numéros non sortis ; et comme il est supposé n'avoir aucun motif de préférence pour les
uns plutôt que pour les autres, la probabilité
qu'il choisira le n° 79 est $\frac{1}{999}$; en multipliant
donc cette probabilité, par la précédente, on
aura $\frac{1}{1000}$ pour la probabilité que le témoin annoncera le n° 79, dans la seconde hypothèse. Il
faut encore multiplier cette probabilité, par la
probabilité $\frac{1}{10}$ de l'hypothèse elle-même ; ce qui
donne $\frac{1}{10000}$ pour la probabilité de l'évènement,
relative à cette hypothèse. Présentement, si l'on
forme une fraction dont le numérateur soit la
probabilité relative à la première hypothèse, et
dont le dénominateur soit la somme des probabilités relatives aux deux hypothèses ; on aura

par le sixième principe, la probabilité de la première hypothèse, et cette probabilité sera $\frac{9}{10}$, c'est-à-dire la véracité même du témoin. C'est aussi la probabilité de la sortie du n° 79. La probabilité du mensonge du témoin et de la non-sortie de ce numéro, est $\frac{1}{10}$.

Si le témoin voulant tromper, avait quelqu'intérêt à choisir le n° 79 parmi les numéros non sortis; s'il jugeait, par exemple, qu'ayant placé sur ce numéro une mise considérable, l'annonce de sa sortie augmentera son crédit; la probabilité qu'il choisira ce numéro, ne sera plus, comme auparavant, $\frac{1}{999}$; elle pourra être alors $\frac{1}{2}, \frac{1}{3}$, etc., suivant l'intérêt qu'il aura d'annoncer sa sortie. En la supposant $\frac{1}{9}$, il faudra multiplier par cette fraction, la probabilité $\frac{999}{1000}$, pour avoir dans l'hypothèse du mensonge, la probabilité de l'événement observé, qu'il faut encore multiplier par $\frac{1}{10}$; ce qui donne $\frac{111}{10000}$ pour la probabilité de l'événement dans la seconde hypothèse. Alors la probabilité de la première hypothèse, ou de la sortie du n° 79, se réduit par la règle précédente, à $\frac{9}{120}$. Elle est donc très affaiblie par la considération de l'intérêt que le témoin peut avoir à annoncer la sortie du n° 79. A la vérité, ce même intérêt augmente la probabilité $\frac{9}{10}$ que le témoin dira la vérité, si le n° 79 sort. Mais cette probabilité ne peut excéder l'unité ou $\frac{10}{10}$; ainsi la probabilité de la sortie du n° 79, ne surpassera pas $\frac{10}{121}$. Le bon sens nous dicte que cet intérêt doit inspirer de la défiance; mais le calcul en apprécie l'influence.

La probabilité *à priori* du numéro énoncé par le témoin, est l'unité divisée par le nombre des numéros de l'urne; elle se transforme en vertu du témoignage, dans la véracité même du témoin; elle peut donc être affaiblie par ce témoignage. Si, par exemple, l'urne ne renferme que deux numéros, ce qui donne $\frac{1}{2}$ pour la probabilité *à priori* de la sortie du n° 1; et si la véracité d'un témoin qui l'annonce est $\frac{4}{10}$; cette sortie en devient moins probable. En effet, il est visible que le témoin ayant alors plus de pente vers le mensonge que vers la vérité; son témoignage doit diminuer la probabilité du fait attesté, toutes les fois que cette probabilité égale ou surpasse $\frac{1}{2}$. Mais s'il y a trois numéros dans l'urne; la probabilité *à priori* de la sortie du n° 1, est accrue par l'affirmation d'un témoin dont la véracité surpasse $\frac{1}{3}$.

Supposons maintenant que l'urne renferme 999 boules noires et une boule blanche, et qu'une boule en ayant été extraite, un témoin du tirage annonce que cette boule est blanche. La probabi-

lité de l'évènement observé, déterminée *à priori*
dans la première hypothèse, sera ici, comme
dans la question précédente, égale à $\frac{9}{10000}$. Mais
dans l'hypothèse où le témoin trompe, la boule
blanche n'est pas sortie, et la probabilité de ce
cas est $\frac{999}{1000}$. Il faut la multiplier par la probabilité $\frac{1}{10}$ du mensonge, ce qui donne $\frac{999}{10000}$ pour la
probabilité de l'évènement observé, relative à
la seconde hypothèse. Cette probabilité n'était
que $\frac{1}{10000}$ dans la question précédente : cette
grande différence tient à ce qu'une boule noire
étant sortie, le témoin qui veut tromper n'a point
de choix à faire parmi les 999 boules non sorties, pour annoncer la sortie d'une boule blanche.
Maintenant, si l'on forme deux fractions dont
les numérateurs soient les probabilités relatives
à chaque hypothèse, et dont le dénominateur
commun soit la somme de ces probabilités ; on
aura $\frac{9}{1008}$ pour la probabilité de la première hypothèse et de la sortie d'une boule blanche,
et $\frac{999}{1008}$ pour la probabilité de la seconde hypothèse et de la sortie d'une boule noire. Cette dernière probabilité est fort approchante de la certitude : elle en approcherait beaucoup plus en-
core, et deviendrait $\frac{999999}{1000008}$, si l'urne renfermait
un million de boules dont une seule serait blanche ;
la sortie d'une boule blanche devenant alors beau-

coup plus extraordinaire. On voit ainsi comment
la probabilité du mensonge croît à mesure que
le fait devient plus extraordinaire.

Nous avons supposé jusqu'ici que le témoin ne
se trompait point; mais si l'on admet encore la
chance de son erreur, le fait extraordinaire devient plus invraisemblable. Alors au lieu de deux
hypothèses, on aura les quatre suivantes, savoir,
celle du témoin ne trompant point et ne se trompant point; celle du témoin ne trompant point
et se trompant; l'hypothèse du témoin trompant
et ne se trompant point; enfin celle du témoin
trompant et se trompant. En déterminant *à priori*
dans chacune de ces hypothèses, la probabilité
de l'évènement observé; on trouve par le sixième
principe, la probabilité que le fait attesté est faux,
égale à une fraction dont le numérateur est le
nombre des boules noires de l'urne, multiplié
par la somme des probabilités que le témoin ne
trompe point et se trompe, ou qu'il trompe et
ne se trompe point, et dont le dénominateur est
ce numérateur augmenté de la somme des probabilités que le témoin ne trompe point et ne se
trompe point, ou qu'il trompe et se trompe à la
fois. On voit par là, que si le nombre des boules
noires de l'urne est très grand, ce qui rend extraordinaire, la sortie de la boule blanche; la

probabilité que le fait attesté n'est pas, approche extrêmement de la certitude.

En étendant cette conséquence, à tous les faits extraordinaires; il en résulte que la probabilité de l'erreur ou du mensonge du témoin, devient d'autant plus grande, que le fait attesté est plus extraordinaire. Quelques auteurs ont avancé le contraire, en se fondant sur ce que la vue d'un fait extraordinaire, étant parfaitement semblable à celle d'un fait ordinaire ; les mêmes motifs doivent nous porter à croire également le témoin, quand il affirme l'un ou l'autre de ces faits. Le simple bon sens repousse une aussi étrange assertion : mais le calcul des probabilités, en confirmant l'indication du sens commun, apprécie de plus, l'invraisemblance des témoignages sur les faits extraordinaires.

Ces auteurs insistent et supposent deux témoins également dignes de foi, dont le premier atteste qu'il a vu mort, il y a quinze jours, un individu que le second témoin affirme avoir vu hier, plein de vie. L'un ou l'autre de ces faits n'offre rien d'invraisemblable. La résurrection de l'individu est une conséquence de leur ensemble; mais les témoignages ne portant point directement sur elle, ce qu'elle a d'extraordinaire ne doit point affaiblir la croyance qui leur est due. (*Encyclo-pédie*, art. *Certitude.*)

Cependant, si la conséquence qui résulte de l'ensemble des témoignages était impossible, l'un d'eux serait nécessairement faux; or une consé-quence impossible est la limite des conséquences extraordinaires, comme l'erreur est la limite des invraisemblances; la valeur des témoignages, qui devient nulle dans le cas d'une conséquence impossible, doit donc être très affaiblie dans celui d'une conséquence extraordinaire. C'est en effet, ce que le calcul des probabilités confirme.

Pour le faire voir, considérons deux urnes A et B dont la première contienne un million de boules blanches, et la seconde, un million de boules noires. On tire de l'une de ces urnes, une boule que l'on remet dans l'autre urne dont on extrait ensuite une boule. Deux témoins, l'un du premier tirage, l'autre du second, attestent que la boule qu'ils ont vu extraire, est blanche, sans indiquer l'urne dont elle a été extraite. Chaque témoignage pris isolément, n'a rien d'invraisem-blable; et il est facile de voir que la probabilité du fait attesté, est la véracité même du témoin. Mais il suit de l'ensemble des témoignages, qu'une boule blanche a été extraite de l'urne A au pre-mier tirage, et qu'ensuite, mise dans l'urne B, elle

a reparu au second tirage, ce qui est fort extraordinaire ; car cette seconde urne renfermant alors
une boule blanche sur un million de boules noires,
la probabilité d'en extraire la boule blanche est
$\frac{1}{1000001}$. Pour déterminer l'affaiblissement qui en
résulte dans la probabilité de la chose énoncée par
les deux témoins ; nous remarquerons que l'évènement observé est ici l'affirmation par chacun d'eux,
que la boule qu'il a vu extraire, est blanche. Re-
présentons par $\frac{9}{10}$ la probabilité qu'il énonce la
vérité, ce qui peut avoir lieu dans le cas présent,
lorsque le témoin ne trompe point, et ne se trompe
point, et lorsqu'il trompe et se trompe à la fois.
On peut former les quatre hypothèses suivantes.

1°. Le premier et le second témoin disent la
vérité. Alors une boule blanche a d'abord été extraite de l'urne A, et la probabilité de cet évènement est $\frac{1}{2}$, puisque la boule extraite au premier
tirage a pu sortir également de l'une ou de l'autre
urne. Ensuite, la boule extraite mise dans l'urne
B a reparu au second tirage : la probabilité de
cet évènement est $\frac{1}{1000001}$; la probabilité du
fait énoncé est donc $\frac{1}{2000002}$. En la multipliant
par le produit des probabilités $\frac{9}{10}$ et $\frac{9}{10}$ que les
témoins disent la vérité, on aura $\frac{81}{2000000200}$ pour
la probabilité de l'évènement observé, dans cette
première hypothèse.

2°. Le premier témoin dit la vérité, et le second ne la dit point, soit qu'il trompe et ne se
trompe point, soit qu'il ne trompe point et se
trompe. Alors une boule blanche est sortie de
l'urne A au premier tirage, et la probabilité de
cet évènement est $\frac{1}{2}$. Ensuite cette boule ayant
été mise dans l'urne B, une boule noire en a
été extraite : la probabilité de cette extraction est
$\frac{1000000}{1000001}$; on a donc $\frac{1000000}{2000002}$ pour la probabilité de
l'évènement composé. En la multipliant par le
produit des deux probabilités $\frac{9}{10}$ et $\frac{1}{10}$ que le premier témoin dit la vérité, et que le second ne la
dit point; on aura $\frac{9000000}{200000200}$ pour la probabilité de
l'évènement observé, dans la seconde hypothèse.

3°. Le premier témoin ne dit pas la vérité, et
le second l'énonce. Alors une boule noire est
sortie de l'urne B au premier tirage, et après
avoir été mise dans l'urne A, une boule blanche
a été extraite de cette urne. La probabilité du
premier de ces évènemens est $\frac{1}{2}$, et celle du second est $\frac{1000000}{1000001}$; la probabilité de l'évènement
composé est donc $\frac{1000000}{2000002}$. En la multipliant par
le produit des probabilités $\frac{1}{10}$ et $\frac{9}{10}$, que le premier témoin ne dit pas la vérité, et que le second
l'énonce; on aura $\frac{9000000}{200000200}$ pour la probabilité de
l'évènement observé, relative à cette hypothèse.

4°. Enfin, aucun des témoins ne dit la vérité.

10..

Alors une boule noire a été extraite de l'urne B au premier tirage; ensuite ayant été mise dans l'urne A, elle a reparu au second tirage : la probabilité de cet évènement composé est $\frac{1}{2000002}$. En la multipliant par le produit des probabilités $\frac{1}{10}$ et $\frac{1}{10}$, que chaque témoin ne dit pas la vérité; on aura $\frac{1}{200000200}$ pour la probabilité de l'évènement observé, dans cette hypothèse.

Maintenant, pour avoir la probabilité de la chose énoncée par les deux témoins, savoir, qu'une boule blanche a été extraite à chacun des tirages; il faut diviser la probabilité correspondante à la première hypothèse, par la somme des probabilités relatives aux quatre hypothèses; et alors on a pour cette probabilité, $\frac{81}{18000081}$, fraction extrêmement petite.

Si les deux témoins affirmaient, le premier, qu'une boule blanche a été extraite de l'une des deux urnes A et B; le second, qu'une boule blanche a été pareillement extraite de l'une des deux urnes A' et B', en tout semblables aux premières; la probabilité de la chose énoncée par les deux témoins serait le produit des probabilités de leurs témoignages ou $\frac{81}{100}$; elle serait donc, cent quatre-vingt mille fois au moins, plus grande que la précédente. On voit par là, combien dans le premier cas, la réapparition au second tirage, de la boule blanche extraite au premier, conséquence extraordinaire des deux témoignages, en affaiblit la valeur.

Nous n'ajouterions point foi au témoignage d'un homme qui nous attesterait qu'en projetant cent dés en l'air, ils sont tous retombés sur la même face. Si nous avions été nous-mêmes spectateurs de cet évènement, nous n'en croirions nos propres yeux, qu'après en avoir scrupuleusement examiné toutes les circonstances, et après en avoir rendu d'autres yeux témoins, pour être bien sûrs qu'il n'y a eu ni hallucination ni prestige. Mais après cet examen, nous ne balancerions point à l'admettre, malgré son extrême invraisemblance; et personne ne serait tenté, pour l'expliquer, de recourir à un renversement des lois de la vision. Nous devons en conclure que la probabilité de la constance des lois de la nature, est pour nous, supérieure à celle que l'évènement dont il s'agit, ne doit point avoir lieu; probabilité supérieure elle-même à celle de la plupart des faits historiques que nous regardons comme incontestables. On peut juger par là du poids immense de témoignages, nécessaire pour admettre une suspension des lois naturelles; et combien il serait abusif d'appliquer à ce cas les règles ordinaires de la critique. Tous ceux qui

sans offrir cette immensité de témoignages,
étayent ce qu'ils avancent, de récits d'évènemens
contraires à ces lois, affaiblissent plutôt qu'ils
n'augmentent la croyance qu'ils cherchent à inspirer ; car alors ces récits rendent très probable
l'erreur ou le mensonge de leurs auteurs. Mais ce
qui diminue la croyance des hommes éclairés,
accroît souvent celle du vulgaire, toujours avide
du merveilleux.

Il y a des choses tellement extraordinaires,
que rien ne peut en balancer l'invraisemblance.
Mais celle-ci, par l'effet d'une opinion domi-
nante, peut être affaiblie au point de paraître inférieure à la probabilité des témoignages ; et
quand cette opinion vient à changer, un récit
absurde admis unanimement dans le siècle qui
lui a donné naissance, n'offre aux siècles suivans,
qu'une nouvelle preuve de l'extrême influence
de l'opinion générale, sur les meilleurs esprits.
Deux grands hommes du siècle de Louis XIV,
Racine et Pascal en sont des exemples frappans.
Il est affligeant de voir avec quelle complaisance,
Racine, ce peintre admirable du cœur humain
et le poète le plus parfait qui fut jamais, rapporte comme miraculeuse, la guérison de la
jeune Perrier, nièce de Pascal et pensionnaire
à l'abbaye de Port-Royal : il est pénible de lire

les raisonnemens par lesquels Pascal cherche à prouver que ce miracle devenait nécessaire à la religion, pour justifier la doctrine des religieuses de cette abbaye, alors persécutées par les Jésuites. La jeune Perrier était depuis trois ans et demi, affligée d'une fistule lacrymale : elle toucha de son œil malade, une relique que l'on prétendait être une des épines de la couronne du Sauveur, et elle se crut à l'instant guérie. Quelques jours après, les médecins et les chirurgiens constatèrent la guérison, et ils jugèrent que la nature et les remèdes n'y avaient eu aucune part. Cet évènement arrivé en 1656, ayant fait un grand bruit; « tout Paris se porta, dit Racine, à Port-Royal. » La foule croissait de jour en jour, et Dieu » même semblait prendre plaisir à autoriser la » dévotion des peuples, par la quantité de mi- » racles qui se firent en cette église. » A cette époque, les miracles et les sortiléges ne paraissaient pas encore invraisemblables; et l'on n'hésitait point à leur attribuer les singularités de la nature, que l'on ne pouvait autrement expliquer.

Cette manière d'envisager les effets extraordinaires, se retrouve dans les ouvrages les plus remarquables du siècle de Louis XIV, dans l'Essai même sur l'entendement humain, du sage Locke, qui dit en parlant des degrés d'assenti-

ment : « quoique la commune expérience et le
» cours ordinaire des choses aient avec raison,
» une grande influence sur l'esprit des hommes,
» pour les porter à donner ou à refuser leur con-
» sentement à une chose qui leur est proposée à
» croire; il y a pourtant un cas où ce qu'il y a
» d'étrange dans un fait, n'affaiblit point l'assen-
» timent que nous devons donner au témoignage
» sincère sur lequel il est fondé. Lorsque des
» évènemens surnaturels sont conformes aux
» fins que se propose celui qui a le pouvoir de
» changer le cours de la nature, dans un tel
» temps et dans de telles circonstances; ils peu-
» vent être d'autant plus propres à trouver
» créance dans nos esprits, qu'ils sont plus au-
» dessus des observations ordinaires, ou même
» qu'ils y sont plus opposés. » Les vrais principes de la probabilité des témoignages, ayant été
ainsi méconnus des philosophes auxquels la raison est principalement redevable de ses progrès;
j'ai cru devoir exposer avec étendue, les résultats
du calcul sur cet important objet.

Ici se présente naturellement la discussion d'un
argument fameux de Pascal, que Craig, mathé-
maticien anglais, a reproduit sous une forme
géométrique. Des témoins attestent qu'ils tiennent de la Divinité même, qu'en se conformant

à telle chose, on jouira, non pas d'une ou de deux, mais d'une infinité de vies heureuses. Quelque faible que soit la probabilité des témoignages, pourvu qu'elle ne soit pas infiniment petite; il est clair que l'avantage de ceux qui se conforment à la chose prescrite, est infini, puisqu'il est le produit de cette probabilité par un bien infini; on ne doit donc point balancer à se procurer cet avantage.

Cet argument est fondé sur le nombre infini des vies heureuses promises au nom de la Divinité, par les témoins; il faudrait donc faire ce qu'ils prescrivent, précisément parce qu'ils exagèrent leurs promesses au-delà de toutes limites, conséquence qui répugne au bon sens. Aussi le calcul nous fait-il voir que cette exagération même affaiblit la probabilité de leur témoignage, au point de la rendre infiniment petite ou nulle. En effet, ce cas revient à celui d'un témoin qui annoncerait la sortie du numéro le plus élevé, d'une urne remplie d'un grand nombre de numéros dont un seul a été extrait, et qui aurait un grand intérêt à annoncer la sortie de ce numéro. On a vu précédemment combien cet intérêt affaiblit son témoignage. En n'évaluant qu'à $\frac{1}{2}$ la probabilité que si le témoin trompe, il choisira le plus grand numéro; le calcul donne la probabilité de son annonce, plus petite qu'une fraction dont le numérateur est l'unité, et dont le dénominateur est l'unité plus la moitié du produit du nombre des numéros, par la probabilité du mensonge considérée *à priori* ou indépendamment de l'annonce. Pour assimiler ce cas à celui de l'argument de Pascal, il suffit de représenter par les numéros de l'urne, tous les nombres possibles de vies heureuses, ce qui rend le nombre de ces numéros, infini; et d'observer que si les témoins trompent, ils ont le plus grand intérêt pour accréditer leur mensonge, à promettre une éternité de bonheur. L'expression de la probabilité de leur témoignage, devient alors infiniment petite. En la multipliant par le nombre infini de vies heureuses promises, l'infini disparaît du produit qui exprime l'avantage résultant de cette promesse, ce qui détruit l'argument de Pascal.

Considérons présentement la probabilité de l'ensemble de plusieurs témoignages sur un fait déterminé. Pour fixer les idées, supposons que ce fait soit la sortie d'un numéro d'une urne qui en renferme cent, et dont on a extrait un seul numéro. Deux témoins de ce tirage, annoncent que le n° 2 est sorti; et l'on demande la probabilité résultante de l'ensemble de ces témoignages. On peut former ces deux hypothèses : les témoins disent la vérité; les témoins trompent. Dans la première hypothèse, le n° 2 est sorti, et la probabilité de cet évènement est $\frac{1}{100}$. Il faut la multiplier par le produit des véracités des témoins, véracités que nous supposerons être $\frac{9}{10}$ et $\frac{7}{10}$: on aura donc $\frac{6}{10000}$ pour la probabilité de l'évènement observé, dans cette hypothèse. Dans la seconde, le n° 2 n'est pas sorti, et la probabilité de cet évènement est $\frac{99}{100}$. Mais l'accord des témoins exige alors qu'en cherchant à tromper, ils choisissent tous deux le numéro 2, sur les 99 numéros non sortis : la probabilité de ce choix, si les témoins ne s'entendent point, est le produit de la fraction $\frac{1}{99}$ par elle-même; il faut ensuite multiplier ces deux probabilités ensemble, et par le produit des probabilités $\frac{1}{10}$ et $\frac{3}{10}$ que les témoins trompent; on aura ainsi $\frac{1}{330000}$ pour la probabilité de l'évènement observé, dans la seconde hypothèse. Maintenant on aura la probabilité du fait attesté ou de la sortie du n° 2, en divisant la probabilité relative à la première hypothèse, par la somme des probabilités relatives aux deux hypothèses; cette probabilité sera donc $\frac{2079}{2080}$; et la probabilité de la non-sortie de ce numéro et du mensonge des témoins sera $\frac{1}{2080}$.

Si l'urne ne renfermait que les numéros 1 et 2,

on trouverait de la même manière, $\frac{21}{22}$ pour la probabilité de la sortie du n° 2, et par conséquent $\frac{1}{22}$ pour la probabilité du mensonge des témoins, probabilité quatre-vingt-quatorze fois au moins, plus grande que la précédente. On voit par là, combien la probabilité du mensonge des témoins diminue, quand le fait qu'ils attestent est moins probable en lui-même. En effet, on conçoit qu'alors l'accord des témoins, lorsqu'ils trompent, devient plus difficile, à moins qu'ils ne s'entendent, ce que nous ne supposons pas ici.

Dans le cas précédent où l'urne ne renfermant que deux numéros, la probabilité *à priori* du fait attesté est $\frac{1}{2}$; la probabilité résultante des témoignages, est le produit des véracités des témoins, divisé par ce produit ajouté à celui des probabilités respectives de leur mensonge.

Il nous reste à considérer l'influence du temps, sur la probabilité des faits transmis par une chaîne traditionnelle de témoins. Il est clair que cette probabilité doit diminuer à mesure que la chaîne se prolonge. Si le fait n'a aucune probabilité par lui-même, tel que la sortie d'un n° d'une urne qui en renferme une infinité; celle qu'il acquiert par les témoignages, décroît suivant le produit continu de la véracité des témoins. Si le fait a par lui-même, une probabilité; si, par exemple, ce fait est la sortie du n° 2 d'une urne qui en renferme un nombre fini, et dont il est certain qu'on a extrait un seul numéro; ce que la chaîne traditionnelle ajoute à cette probabilité, décroît suivant un produit continu, dont le premier facteur est le rapport du nombre des numéros de l'urne moins un, à ce même nombre; et dont chaque autre facteur est la véracité de chaque témoin, diminuée du rapport de la probabilité de son mensonge, au nombre des numéros de l'urne moins un; en sorte que la limite de la probabilité du fait, est celle de ce fait considérée *à priori* ou indépendamment des témoignages, probabilité égale à l'unité divisée par le nombre des numéros de l'urne.

L'action du temps affaiblit donc sans cesse, la probabilité des faits historiques, comme elle altère les monumens les plus durables. On peut, à la vérité, la ralentir en multipliant et conservant les témoignages et les monumens qui les étayent. L'imprimerie offre pour cet objet, un grand moyen malheureusement inconnu des anciens. Malgré les avantages infinis qu'elle procure, les révolutions physiques et morales dont la surface de ce globe sera toujours agitée, finiront, en se joignant à l'effet inévitable du temps, par rendre douteux après des milliers d'années, les faits historiques aujourd'hui les plus certains.

Craig a essayé de soumettre au calcul, l'affaiblissement graduel des preuves de la religion
chrétienne : en supposant que le monde doit finir à l'époque où elle cessera d'être probable, il
trouve que cela doit arriver, 1454 ans après le
moment où il écrit. Mais son analyse est aussi
fautive, que son hypothèse sur la durée du monde
est bizarre.

Des choix et des décisions des assemblées.

La probabilité des décisions d'une assemblée
dépend de la pluralité des voix, des lumières et
de l'impartialité des membres qui la composent.
Tant de passions et d'intérêts particuliers y mêlent si souvent leur influence, qu'il est impossible
de soumettre au calcul, cette probabilité. Il y a
cependant quelques résultats généraux dictés par
le simple bon sens, et que le calcul confirme. Si,
par exemple, l'assemblée est très peu éclairée sur
l'objet soumis à sa décision; si cet objet exige
des considérations délicates, ou si la vérité sur ce
point est contraire à des préjugés reçus, en sorte
qu'il y ait plus d'un contre un à parier que chaque
votant s'en écartera; alors la décision de la majorité sera probablement mauvaise, et la crainte
à cet égard sera d'autant plus fondée, que l'assemblée sera plus nombreuse. Il importe donc à

la chose publique, que les assemblées n'aient à prononcer que sur des objets à la portée du plus grand nombre : il lui importe que l'instruction soit généralement répandue, et que de bons ouvrages fondés sur la raison et sur l'expérience, éclairent ceux qui sont appelés à décider du sort de leurs semblables ou à les gouverner, et les prémunissent d'avance contre les faux aperçus et les préventions de l'ignorance. Les savans ont de fréquentes occasions de remarquer que les premiers aperçus trompent souvent; et que le vrai n'est pas toujours vraisemblable.

Il est difficile de connaître et même de définir le vœu d'une assemblée, au milieu de la variété des opinions de ses membres. Essayons de donner sur cela, quelques règles, en considérant les deux cas les plus ordinaires, l'élection entre plusieurs candidats, et celle entre plusieurs propositions relatives au même objet.

Lorsqu'une assemblée doit choisir entre plusieurs candidats qui se présentent pour une ou plusieurs places du même genre; ce qui paraît le plus simple est de faire écrire à chaque votant sur un billet, les noms de tous les candidats, suivant l'ordre du mérite qu'il leur attribue. En supposant qu'il les classe de bonne foi, l'inspection de ces billets fera connaître les résultats des élections, de quelque manière que les candidats soient comparés entre eux; en sorte que de nouvelles élections ne peuvent apprendre rien de plus à cet égard. Il s'agit présentement d'en conclure l'ordre de préférence, que les billets établissent entre les candidats. Imaginons que l'on donne à chaque électeur, une urne qui contienne une infinité de boules au moyen desquelles il puisse nuancer tous les degrés de mérite des candidats : concevons encore qu'il tire de son urne, un nombre de boules proportionnel au mérite de chaque candidat, et supposons ce nombre écrit sur un billet, à côté du nom du candidat. Il est clair qu'en faisant une somme de tous les nombres relatifs à chaque candidat sur chaque billet, celui de tous les candidats qui aura la plus grande somme, sera le candidat que l'assemblée préfère; et qu'en général, l'ordre de préférence des candidats, sera celui des sommes relatives à chacun d'eux. Mais les billets ne marquent point le nombre des boules que chaque électeur donne aux candidats : ils indiquent seulement que le premier en a plus que le second, le second plus que le troisième, et ainsi de suite. En supposant donc au premier, sur un billet donné, un nombre quelconque de boules; toutes les combinaisons des nombres inférieurs, qui remplissent les conditions précédentes, sont également admissibles; et l'on aura le nombre de boules, relatif à chaque candidat, en faisant une somme de tous les nombres que chaque combinaison lui donne, et en la divisant par le nombre entier des combinaisons. Une analyse fort simple fait voir que les nombres qu'il faut écrire sur chaque billet à côté du dernier nom, de l'avant-dernier, etc., sont proportionnels aux termes de la progression arithmétique 1, 2, 3, etc. En écrivant donc ainsi sur chaque billet, les termes de cette progression, et ajoutant les termes relatifs à chaque candidat sur ces billets; les diverses sommes indiqueront par leur grandeur, l'ordre de préférence qui doit être établi entre les candidats. Tel est le mode d'élection, qu'indique la Théorie des Probabilités. Sans doute, il serait le meilleur; si chaque électeur inscrivait sur son billet les noms des candidats, dans l'ordre du mérite qu'il leur attribue. Mais les intérêts particuliers et beaucoup de considérations étrangères au mérite, doivent troubler cet ordre, et faire placer quelquefois au dernier rang, le candidat le plus redoutable à celui que l'on préfère; ce qui donne trop d'avantage aux candidats d'un médiocre mérite. Aussi l'expérience a-t-elle fait abandonner ce mode d'élection, dans les établissemens qui l'avaient adopté.

L'élection à la majorité absolue des suffrages réunit à la certitude de n'admettre aucun des candidats que cette majorité rejette, l'avantage d'exprimer le plus souvent, le vœu de l'assemblée. Elle coïncide toujours avec le mode précédent, lorsqu'il n'y a que deux candidats. A la vérité, elle expose à l'inconvénient de rendre les élections interminables. Mais l'expérience a fait voir que cet inconvénient est nul, et que le désir général de mettre fin aux élections, réunit bientôt la majorité des suffrages sur un des candidats.

Le choix entre plusieurs propositions relatives au même objet, semble devoir être assujetti aux mêmes règles, que l'élection entre plusieurs candidats. Mais il existe entre ces deux cas, cette différence, savoir, que le mérite d'un candidat n'exclut point celui de ses concurrens ; au lieu que si les propositions entre lesquelles il faut choisir sont contraires, la vérité de l'une exclut la vérité des autres. Voici comme on doit alors envisager la question.

Donnons à chaque votant, une urne qui renferme un nombre infini de boules ; et supposons qu'il les distribue sur les diverses propositions, en raison des probabilités respectives qu'il leur

attribue. Il est clair que le nombre total des
boules exprimant la certitude, et le votant étant
par l'hypothèse, assuré que l'une des propositions doit être vraie; il répartira ce nombre en
entier, sur les propositions. Le problème se réduit donc à déterminer les combinaisons dans
lesquelles les boules seront réparties de manière
qu'il y en ait plus sur la première proposition
du billet, que sur la seconde ; plus sur la seconde que sur la troisième, etc. ; à faire les
sommes de tous les nombres de boules, relatifs
à chaque proposition dans ces diverses combinaisons; et à diviser cette somme, par le nombre
des combinaisons : les quotiens seront les nombres de boules, que l'on doit attribuer aux propositions sur un billet quelconque. On trouve
par l'analyse, qu'en partant de la dernière proposition, pour remonter à la première; ces quotiens sont entre eux , comme les quantités suivantes : 1° l'unité divisée par le nombre des
propositions ; 2° la quantité précédente augmentée de l'unité divisée par le nombre des
propositions moins une ; 3° cette seconde quantité augmentée de l'unité divisée par le nombre
des propositions moins deux ; et ainsi du reste.
On écrira donc sur chaque billet, ces quantités
à côté des propositions correspondantes ; et en

ajoutant les quantités relatives à chaque proposition, sur les divers billets ; les sommes indiqueront par leur grandeur, l'ordre de préférence que l'assemblée donne à ces propositions.

Disons un mot de la manière de renouveler les assemblées qui doivent changer en totalité, dans un nombre d'années, déterminé. Le renouvellement doit-il se faire à la fois ; ou convient-il de le partager entre ces années? D'après ce dernier mode, l'assemblée serait formée sous l'influence des diverses opinions dominantes pendant la durée de son renouvellement; l'opinion qui y régnerait alors, serait donc très probablement la moyenne de toutes ces opinions. L'assemblée recevrait ainsi du temps, le même avantage que lui donne l'extension des élections de ses membres, à toutes les parties du territoire qu'elle représente. Maintenant, si l'on considère ce que l'expérience n'a que trop fait connaître, savoir, que les élections sont toujours dirigées dans le sens le plus exagéré des opinions dominantes ; on sentira combien il est utile de tempérer ces opinions, les unes par les autres, au moyen d'un renouvellement partiel.

De la probabilité des Jugemens des tribunaux.

L'analyse confirme ce que le simple bon sens nous dicte, savoir, que la bonté des jugemens est d'autant plus probable, que les juges sont plus nombreux et plus éclairés. Il importe donc que les tribunaux d'appel remplissent ces deux conditions. Les tribunaux de première instance, plus rapprochés des justiciables, leur offrent l'avantage d'un premier jugement déjà probable, et dont ils se contentent souvent, soit en transigeant, soit en se désistant de leurs prétentions. Mais si l'incertitude de l'objet en litige et son importance déterminent un plaideur à recourir au tribunal d'appel ; il doit trouver dans une plus grande probabilité d'obtenir un jugement équitable, plus de sûreté pour sa fortune, et la compensation des embarras et des frais qu'une nouvelle procédure entraîne. C'est ce qui n'avait point lieu dans l'institution de l'appel réciproque des tribunaux de département, institution par là, très préjudiciable aux intérêts des citoyens. Il serait, peut-être, convenable et conforme au calcul des probabilités, d'exiger une majorité de deux voix au moins, dans un tribunal d'appel, pour infirmer la sentence du tribunal inférieur.

On obtiendrait ce résultat, si le tribunal d'appel étant composé d'un nombre pair de juges, la sentence subsistait dans le cas de l'égalité des voix.

Je vais considérer particulièrement les jugemens en matière criminelle.

Il faut sans doute aux juges, pour condamner un accusé, les plus fortes preuves de son délit. Mais une preuve morale n'est jamais qu'une probabilité; et l'expérience n'a que trop fait connaître les erreurs dont les jugemens criminels, ceux mêmes qui paraissent être les plus justes, sont encore susceptibles. La possibilité de réparer ces erreurs est le plus solide argument des philosophes qui ont voulu proscrire la peine de mort. Nous devrions donc nous abstenir de juger, s'il nous fallait attendre l'évidence mathématique. Mais le jugement est commandé par le danger qui résulterait de l'impunité du crime. Ce jugement se réduit, si je ne me trompe, à la solution de la question suivante. La preuve du délit de l'accusé a-t-elle le haut degré de probabilité nécessaire, pour que les citoyens aient moins à redouter les erreurs des tribunaux, s'il est innocent et condamné, que ses nouveaux attentats, et ceux des malheureux qu'enhardirait l'exemple de son impunité, s'il était coupable et absous?

La solution de cette question dépend de plusieurs élémens très difficiles à connaître. Telle est l'imminence du danger qui menacerait la société, si l'accusé criminel restait impuni. Quelquefois, ce danger est si grand, que le magistrat se voit contraint de renoncer aux formes sagement établies pour la sûreté de l'innocence. Mais ce qui rend presque toujours la question dont il s'agit, insoluble, est l'impossibilité d'apprécier exactement la probabilité du délit, et de fixer celle qui est nécessaire pour la condamnation de l'accusé. Chaque juge, à cet égard, est forcé de s'en rapporter à son propre tact. Il forme son opinion, en comparant les divers témoignages et les circonstances dont le délit est accompagné, aux résultats de ses réflexions et de son expérience; et sous ce rapport, une longue habitude d'interroger et de juger les accusés, donne beaucoup d'avantages pour saisir la vérité au milieu d'indices souvent contradictoires.

La question précédente dépend encore de la grandeur de la peine appliquée au délit; car on exige naturellement pour prononcer la mort, des preuves beaucoup plus fortes, que pour infliger une détention de quelques mois. C'est une raison de proportionner la peine au délit; une peine grave appliquée à un léger délit, devant inévitablement faire absoudre beaucoup de coupables. Une loi qui donne aux juges la faculté de modérer la peine dans les cas de circonstances atténuantes, est donc conforme à la fois aux principes d'humanité envers le coupable, et à l'intérêt de la société. Le produit de la probabilité du délit par sa gravité, étant la mesure du danger que l'absolution de l'accusé peut faire éprouver à la société ; on pourrait penser que la peine doit dépendre de cette probabilité. C'est ce que l'on fait indirectement dans les tribunaux où l'on retient pendant quelque temps l'accusé contre lequel s'élèvent des preuves très fortes, mais insuffisantes pour le condamner : dans la vue d'acquérir de nouvelles lumières, on ne le remet point sur-le-champ au milieu de ses concitoyens qui ne le reverraient pas, sans de vives alarmes. Mais l'arbitraire de cette mesure et l'abus qu'on peut en faire, l'ont fait rejeter dans les pays où l'on attache le plus grand prix à la liberté individuelle.

Maintenant, quelle est la probabilité que la décision d'un tribunal qui ne peut condamner qu'à une majorité donnée, sera juste, c'est-à-dire conforme à la vraie solution de la question posée ci-dessus ? Ce problème important bien résolu, donnera le moyen de comparer entre eux, les tribunaux divers. La majorité d'une seule voix dans un nombreux tribunal, indique que l'affaire dont il s'agit, est à fort peu près douteuse; la condamnation de l'accusé serait donc alors contraire aux principes d'humanité, protecteurs de l'innocence. L'unanimité des juges donnerait une très grande probabilité d'une décision juste; mais en s'y astreignant, trop de coupables seraient absous. Il faut donc, ou limiter le nombre des juges, si l'on veut qu'ils soient unanimes, ou accroître la majorité nécessaire pour condamner, lorsque le tribunal devient plus nombreux. Je vais essayer d'appliquer le calcul à cet objet; persuadé qu'il est toujours le meilleur guide, lorsqu'on l'appuie sur les données que le bon sens nous suggère.

La probabilité que l'opinion de chaque juge est juste, entre comme élément principal dans ce calcul. Cette probabilité est évidemment relative à chaque affaire. Si dans un tribunal de mille et un juges, cinq cent un sont d'une opinion, et cinq cents sont de l'opinion contraire; il est visible que la probabilité de l'opinion de chaque juge surpasse bien peu $\frac{1}{2}$; car en la supposant sensiblement plus grande, une seule voix de différence serait un évènement invraisemblable. Mais si les juges sont unanimes, cela indique

dans les preuves, ce degré de force qui entraîne
la conviction; la probabilité de l'opinion de
chaque juge est donc alors très près de l'unité ou
de la certitude ; à moins que des passions ou des
préjugés communs n'égarent à la fois tous les
juges. Hors de ces cas, le rapport des voix pour
ou contre l'accusé, doit seul déterminer cette
probabilité. Je suppose ainsi qu'elle peut va-
rier depuis $\frac{1}{2}$ jusqu'à l'unité, mais qu'elle ne peut
être au-dessous de $\frac{1}{2}$. Si cela n'était pas, la décision du tribunal serait insignifiante comme le
sort : elle n'a de valeur, qu'autant que l'opinion
du juge a plus de tendance à la vérité, qu'à l'erreur. C'est ensuite par le rapport des nombres
de voix favorables et contraires à l'accusé, que je
détermine la probabilité de cette opinion.

Ces données suffisent pour avoir l'expression
générale de la probabilité que la décision d'un tribunal jugeant à une majorité connue, est juste.
Dans les tribunaux où sur huit juges, cinq voix
seraient nécessaires pour la condamnation d'un
accusé; la probabilité de l'erreur à craindre sur
la justesse de la décision, surpasserait $\frac{1}{4}$. Si le
tribunal était réduit à six membres qui ne pourraient condamner qu'à la pluralité de quatre
voix ; la probabilité de l'erreur à craindre, serait
au-dessous de $\frac{1}{4}$; il y aurait donc pour l'accusé,

un avantage à cette réduction du tribunal. Dans l'un et l'autre cas, la majorité exigée est la même et égale à deux. Ainsi cette majorité demeurant constante, la probabilité de l'erreur augmente avec le nombre des juges : cela est général, quelle que soit la majorité requise, pourvu qu'elle reste la même. En prenant donc pour règle, le rapport arithmétique; l'accusé se trouve dans une position de moins en moins avantageuse, à mesure que le tribunal devient plus nombreux. On pourrait croire que dans un tribunal où l'on exigerait une majorité de douze voix, quel que fût le nombre des juges; les voix de la minorité, neutralisant un pareil nombre des voix de la majorité; les douze voix restantes représenteraient l'unanimité d'un jury de douze membres, requise en Angleterre, pour la condamnation d'un accusé. Mais on serait dans une grande erreur. Le bon sens fait voir qu'il y a différence entre la décision d'un tribunal de deux cent douze juges dont cent douze condamnent l'accusé, tandis que cent l'absolvent, et celle d'un tribunal de douze juges unanimes pour la condamnation. Dans le premier cas, les cent voix favorables à l'accusé, autorisent à penser que les preuves sont loin d'atteindre le degré de force qui entraîne la conviction : dans le second cas, l'unanimité des juges porte à croire qu'elles ont atteint ce degré. Mais le simple bon sens ne suffit point pour apprécier l'extrême différence de la probabilité de l'erreur dans ces deux cas. Il faut alors recourir au calcul, et l'on trouve un cinquième à peu près, pour la probabilité de l'erreur dans le premier cas, et seulement $\frac{1}{8192}$ pour cette probabilité dans le second cas, probabilité qui n'est pas un millième de la première. C'est une confirmation du principe, que le rapport arithmétique est défavorable à l'accusé, quand le nombre des juges augmente. Au contraire, si l'on prend pour règle, le rapport géométrique; la probabilité de l'erreur de la décision diminue, quand le nombre des juges s'accroît. Par exemple, dans les tribunaux qui ne peuvent condamner qu'à la pluralité des deux tiers des voix; la probabilité de l'erreur à craindre est à peu près un quart, si le nombre des juges est six : elle est au-dessous de $\frac{1}{7}$, si ce nombre s'élève à douze. Ainsi, l'on ne doit se régler, ni sur le rapport arithmétique, ni sur le rapport géométrique; si l'on veut que la probabilité de l'erreur, ne soit jamais au-dessus ni au-dessous d'une fraction déterminée.

Mais à quelle fraction doit-on se fixer? c'est ici que l'arbitraire commence, et les tribunaux

offrent à cet égard, de grandes variétés. Dans les
tribunaux spéciaux où cinq voix sur huit, suffisent pour la condamnation de l'accusé, la probabilité de l'erreur à craindre sur la bonté du juge-
ment, est $\frac{65}{256}$ ou au-dessus de $\frac{1}{4}$. La grandeur de
cette fraction est effrayante; mais ce qui doit ras-
surer un peu, est la considération que le plus
souvent, le juge qui absout un accusé, ne le regarde pas comme innocent : il prononce seulement, qu'il n'est pas atteint par des preuves suffisantes pour qu'il soit condamné. On est surtout
rassuré par la pitié que la nature a mise dans le
cœur de l'homme, et qui dispose l'esprit à voir
difficilement un coupable, dans l'accusé soumis
à son jugement. Ce sentiment plus vif dans ceux
qui n'ont point l'habitude des jugemens criminels, compense les inconvéniens attachés à l'in-
expérience des jurés. Dans un jury de douze
membres, si la pluralité exigée pour la condamnation est de huit voix sur douze; la probabilité
de l'erreur à craindre, est $\frac{1093}{8192}$, ou un peu plus
grande qu'un huitième : elle est à peu près $\frac{1}{22}$, si
cette pluralité est de neuf voix. Dans le cas de
l'unanimité, la probabilité de l'erreur à craindre
est $\frac{1}{8192}$, c'est-à-dire, plus de mille fois moindre
que dans nos jurys. Cela suppose que l'unanimité
résulte uniquement des preuves favorables ou

contraires à l'accusé; mais des motifs entièrement
étrangers doivent souvent concourir à la produire, lorsqu'elle est imposée au jury, comme
une condition nécessaire de son jugement. Alors
ses décisions dépendant du tempérament, du caractère, des habitudes des jurés, et des circonstances où ils se trouvent; elles sont quelquefois contraires aux décisions que la majorité du
jury aurait prises, s'il n'eût écouté que les preuves; ce qui me paraît être un grand défaut de
cette manière de juger.

La probabilité des décisions est trop faible dans
nos jurys; et je pense que pour donner une garantie suffisante à l'innocence, on doit exiger au
moins, la pluralité de neuf voix sur douze.

*Des Tables de mortalité, et des durées moyennes
de la vie, des mariages et des associations
quelconques.*

La manière de former les Tables de mortalité
est fort simple. On prend dans les registres civils,
un grand nombre d'individus dont la naissance
et la mort soient indiquées. On détermine combien de ces individus sont morts, dans la première année de leur âge, combien dans la seconde année, et ainsi de suite. On en conclut le

nombre d'individus vivans au commencement de chaque année; et l'on écrit ce nombre dans la table à côté de celui qui indique l'année. Ainsi l'on écrit à côté de zéro, le nombre des naissances; à côté de l'année 1, le nombre des enfans qui ont atteint une année; à côté de l'année 2, le nombre des enfans qui ont atteint deux années, et ainsi du reste. Mais comme dans les deux premières années de la vie, la mortalité est très rapide; il faut pour plus d'exactitude, indiquer dans ce premier âge, le nombre des survivans à la fin de chaque demi-année.

Si l'on divise la somme des années de la vie de tous les individus inscrits dans une Table de mortalité, par le nombre de ces individus; on aura la durée moyenne de la vie qui correspond à cette Table. Pour cela, on multipliera par une demi-année, le nombre des morts dans la première année, nombre égal à la différence des nombres d'individus inscrits à côté des années 0 et 1. Leur mortalité devant être répartie sur l'année entière, la durée moyenne de leur vie, n'est qu'une demi-année. On multipliera par une année et demie, le nombre des morts dans la seconde année; par deux années et demie, le nombre des morts dans la troisième année, et ainsi de suite. La somme de ces produits, divisée par le nombre des naissances, sera la durée moyenne de la vie. Il est facile d'en conclure que l'on aura cette durée, en formant la somme des nombres inscrits dans la Table à côté de chaque année, en la divisant par le nombre des naissances, et en retranchant un demi, du quotient, l'année étant prise pour unité. La durée moyenne de ce qui reste à vivre, en partant d'un âge quelconque, se détermine de la même manière, en opérant sur le nombre des individus qui sont parvenus à cet âge, comme on vient de le faire sur le nombre des naissances. Ce n'est point au moment de la naissance, que la durée moyenne de la vie est la plus grande; c'est lorsqu'on a échappé aux dangers de la première enfance, et alors elle est d'environ quarante-trois ans. La probabilité d'arriver à un âge quelconque en partant d'un âge donné, est égale au rapport des deux nombres d'individus, indiqués dans la table à ces deux âges.

La précision de ces résultats exige que pour la formation des tables, on emploie un très grand nombre de naissances. L'analyse donne alors des formules très simples pour apprécier la probabilité que les nombres indiqués dans ces tables ne s'écarteront de la vérité, que dans d'étroites limites. On voit par ces formules, que l'intervalle

des limites diminue et que la probabilité augmente, à mesure que l'on considère plus de naissances ; en sorte que les tables représenteraient
exactement la vraie loi de la mortalité, si le
nombre des naissances employées devenait infini.

Une table de mortalité est donc une table des
probabilités de la vie humaine. Le rapport des
individus inscrits à côté de chaque année, au
nombre des naissances, est la probabilité qu'un
nouveau-né atteindra cette année. Comme on
estime la valeur de l'espérance, en faisant une
somme des produits de chaque bien espéré, par
la probabilité de l'obtenir ; on peut également
évaluer la durée moyenne de la vie, en ajoutant
les produits de chaque année, par la demi-
somme des probabilités d'en atteindre le commencement et la fin ; ce qui conduit au résultat trouvé ci-dessus. Mais cette manière
d'envisager la durée moyenne de la vie, a
l'avantage de faire voir que dans une population
stationnaire, c'est-à-dire telle que le nombre
des naissances égale celui des morts, la durée
moyenne de la vie est le rapport même de la
population aux naissances annuelles ; car la population étant supposée stationnaire, le nombre
des individus d'un âge compris entre deux années
consécutives de la table, est égal au nombre des

naissances annuelles, multiplié par la demi-somme des probabilités d'atteindre ces années; la somme de tous ces produits sera donc la population entière; or il est aisé de voir que cette somme divisée par le nombre des naissances annuelles, coïncide avec la durée moyenne de la vie, telle que nous venons de la définir.

Il est facile au moyen d'une table de mortalité, de former la table correspondante de la population supposée stationnaire. Pour cela, on prend des moyennes arithmétiques entre les nombres de la table de mortalité correspondans aux âges, zéro et un an, un et deux ans; deux et trois ans, etc. La somme de toutes ces moyennes est la population entière : on l'écrit à côté de l'âge zéro. On retranche de cette somme, la première moyenne; et le reste est le nombre des individus d'un an et au-dessus : on l'écrit à côté de l'année 1. On retranche de ce premier reste, la seconde moyenne; ce second reste est le nombre des individus de deux années et au-dessus : on l'écrit à côté de l'année 2; et ainsi de suite.

Tant de causes variables influent sur la mortalité, que les tables qui la représentent, doivent changer suivant les lieux et les temps. Les divers états de la vie offrent à cet égard, des différences sensibles relatives aux fatigues et aux dangers in-

séparables de chaque état, et dont il est indispensable de tenir compte dans les calculs fondés
sur la durée de la vie. Mais ces différences n'ont
pas été suffisamment observées. Elles le seront un
jour : alors on saura quel sacrifice de la vie,
chaque profession exige, et l'on profitera de ces
connaissances, pour en diminuer les dangers.

La salubrité plus ou moins grande du sol, son
élévation, sa température, les mœurs des habitans, et les opérations des gouvernemens ont sur
la mortalité, une influence considérable. Mais il
faut toujours faire précéder la recherche de la
cause des différences observées, par celle de la
probabilité avec laquelle cette cause est indiquée.
Ainsi le rapport de la population aux naissances
annuelles, que l'on a vu s'élever en France, à
vingt-huit et un tiers, n'est pas égal à vingt-cinq
dans l'ancien duché de Milan. Ces rapports éta-
blis l'un et l'autre, sur un grand nombre de naissances, ne permettent pas de révoquer en doute
l'existence dans le Milanès, d'une cause spéciale
de mortalité, qu'il importe au gouvernement de
ce pays, de rechercher et de faire disparaître.

Le rapport de la population aux naissances
s'accroîtrait encore, si l'on parvenait à diminuer
ou à éteindre quelques maladies dangereuses et
très répandues. C'est ce que l'on a fait heureuse-

ment pour la petite vérole; d'abord par l'inoculation de cette maladie; ensuite d'une manière beaucoup plus avantageuse, par l'inoculation de la vaccine, découverte inestimable de Jenner qui par là s'est rendu l'un des plus grands bienfaiteurs de l'humanité.

La petite vérole a cela de particulier, savoir, que le même individu n'en est pas deux fois atteint, ou du moins, ce cas est si rare, que l'on peut en faire abstraction dans le calcul. Cette maladie à laquelle peu de monde échappait avant la découverte de la vaccine, est souvent mortelle et fait périr un septième environ de ceux qu'elle attaque. Quelquefois elle est bénigne, et l'expérience a fait connaître qu'on lui donnait ce dernier caractère, en l'inoculant sur des personnes saines, préparées par un bon régime, et dans une saison favorable. Alors le rapport des individus qu'elle fait périr, aux inoculés, n'est pas un trois-centième. Ce grand avantage de l'inoculation, joint à ceux de ne point altérer la beauté, et de préserver des suites fâcheuses que la petite vérole naturelle entraîne souvent après elle, la fit adopter par un grand nombre de personnes. Sa pratique fut vivement recommandée; mais, ce qui arrive presque toujours dans les choses sujettes à des inconvéniens, elle fut vivement combattue. Au milieu de cette dispute, Daniel Bernoulli se proposa de soumettre au calcul des probabilités, l'influence de l'inoculation sur la durée moyenne de la vie. Manquant de données précises sur la mortalité produite par la petite vérole, aux divers âges de la vie; il supposa que le danger d'avoir cette maladie et celui d'en périr, sont les mêmes à tout âge. Au moyen de ces suppositions, il parvint par une analyse délicate, à convertir une table ordinaire de mortalité, dans celles qui auraient lieu, si la petite vérole n'existait pas, ou si elle ne faisait périr qu'un très petit nombre de malades; et il en conclut que l'inoculation augmenterait de trois ans au moins, la durée moyenne de la vie; ce qui lui parut mettre hors de doute, l'avantage de cette opération. D'Alembert attaqua l'analyse de Bernoulli, d'abord sur l'incertitude de ses deux hypothèses; ensuite, sur son insuffisance, en ce que l'on n'y faisait point entrer la comparaison du danger prochain, quoique très petit, de périr par l'inoculation, au danger beaucoup plus grand, mais plus éloigné, de succomber à la petite vérole naturelle. Cette considération qui disparaît, lorsque l'on considère un grand nombre d'individus, est par là, indifférente aux gouvernemens, et laisse subsister pour eux, les avantages de l'inoculation ; mais elle est d'un grand poids pour un père de famille qui doit craindre, en faisant inoculer ses enfans, de voir périr ce qu'il a de plus cher au monde, et d'en être cause. Beaucoup de parens étaient retenus par cette crainte que la découverte de la vaccine a heureusement dissipée. Par un de ces mystères que la nature nous offre si fréquemment, le vaccin est un préservatif de la petite vérole, aussi sûr que le virus variolique, et il n'a aucun danger : il n'expose à aucune maladie, et ne demande que très peu de soins. Aussi sa pratique s'est-elle promptement répandue ; et pour la rendre universelle, il ne reste plus à vaincre que l'inertie naturelle du peuple, contre laquelle il faut lutter sans cesse, même lorsqu'il s'agit de ses plus chers intérêts.

Le moyen le plus simple de calculer l'avantage que produirait l'extinction d'une maladie, consiste à déterminer par l'observation, le nombre d'individus d'un âge donné, qu'elle fait périr, chaque année, et à le retrancher du nombre des morts au même âge. Le rapport de la différence, au nombre total d'individus de l'âge donné, serait la probabilité de périr dans l'année, à cet âge, si la maladie n'existait pas. En faisant donc une somme de ces probabilités depuis la naissance jusqu'à un âge quelconque, et retranchant cette somme de l'unité, le reste sera la probabilité de vivre jusqu'à cet âge, correspondante à l'extinction de la maladie. La série de ces probabilités sera la table de mortalité, relative à cette hypothèse ; et l'on en conclura par ce qui précède, la durée moyenne de la vie. C'est ainsi que Duvilard a trouvé que l'accroissement de la durée moyenne de la vie, dû à l'inoculation de la vaccine, est de trois ans au moins. Un accroissement aussi considérable en produirait un fort grand dans la population, si d'ailleurs, elle n'était pas restreinte par la diminution relative des subsistances.

C'est principalement par le défaut des subsistances, que la marche progressive de la population est arrêtée. Dans toutes les espèces d'animaux et de végétaux, la nature tend sans cesse à augmenter le nombre des individus, jusqu'à ce qu'ils soient au niveau des moyens de subsister. Dans l'espèce humaine, les causes morales ont une grande influence sur la population. Si le sol, par de faciles défrichemens, peut fournir une nourriture abondante à des générations nouvelles ; la certitude de faire vivre une nombreuse famille, encourage les mariages et les rend plus précoces et plus féconds. Sur un sol pareil, la population et les naissances doivent croître à la fois en progression géométrique. Mais quand les défrichemens deviennent plus difficiles et plus rares ; alors l'accroissement de la population diminue : elle se rapproche continuellement de l'état variable des subsistances, en faisant autour de lui, des oscillations, à peu près comme un pendule, dont on promène d'un mouvement retardé, le point de suspension, oscille autour de ce point, par sa pesanteur. Il est difficile d'évaluer le *maximum* d'accroissement de la population : il paraît d'après quelques observations, que dans de favorables circonstances, la population de l'espèce humaine pourrait doubler, tous les quinze ans. On estime que dans l'Amérique septentrionale, la période de ce doublement est de vingt-deux années. Dans cet état de choses ; la population, les naissances, les mariages, la mortalité, tout croît suivant la même progression géométrique dont on a le rapport constant des termes consécutifs, par l'observation des naissances annuelles à deux époques.

Une table de mortalité, représentant les probabilités de la vie humaine ; on peut déterminer à son moyen, la durée des mariages. Supposons pour simplifier, que la mortalité soit la même pour les deux sexes ; on aura la probabilité que le mariage subsistera un an, ou deux, ou trois, etc.;

en formant une suite de fractions dont le dénominateur commun soit le produit des deux nombres de la table, correspondans aux âges des
conjoints, et dont les numérateurs soient les
produits successifs des nombres correspondans à
ces âges augmentés d'une, de deux, de trois, etc.
années. La somme de ces fractions, augmentée
d'un demi, sera la durée moyenne du mariage,
l'année étant prise pour unité. Il est facile d'é-
tendre la même règle, à la durée moyenne d'une
association formée de trois ou d'un plus grand
nombre d'individus.

Des bénéfices des établissemens qui dépendent de la probabilité des évènemens.

Rappelons ici ce que nous avons dit en parlant
de l'espérance. On a vu que pour obtenir l'avantage qui résulte de plusieurs évènemens simples
dont les uns produisent un bien, et les autres,
une perte; il faut ajouter les produits de la probabilité de chaque évènement favorable, par le
bien qu'il procure, et retrancher de leur somme,
celle des produits de la probabilité de chaque
évènement défavorable, par la perte qui y est
attachée. Mais quel que soit l'avantage exprimé
par la différence de ces sommes, un seul évènement composé de ces évènemens simples, ne

garantit point de la crainte d'éprouver une perte. On conçoit que cette crainte doit diminuer lorsque l'on multiplie l'évènement composé. L'analyse des probabilités conduit à ce théorème général.

Par la répétition d'un évènement avantageux, simple ou composé, le bénéfice réel devient de plus en plus probable, et s'accroît sans cesse : il devient certain, dans l'hypothèse d'un nombre infini de répétitions; et en le divisant par ce nombre, le quotient ou le bénéfice moyen de chaque évènement, est l'espérance mathématique elle-même, ou l'avantage relatif à l'évènement. Il en est de même de la perte qui devient certaine à la longue, pour peu que l'évènement soit désavantageux.

Ce théorème sur les bénéfices et les pertes, est analogue à ceux que nous avons donnés précédemment sur les rapports qu'indique la répétition indéfinie des évènemens simples ou composés; et comme eux, il prouve que la régularité finit par s'établir dans les choses mêmes les plus subordonnées à ce que nous nommons *hasard*.

Lorsque les évènemens sont en grand nombre, l'Analyse donne encore une expression fort simple de la probabilité que le bénéfice sera compris dans des limites déterminées, expression qui rentre dans la loi générale de la probabilité, que nous avons donnée ci-dessus, en parlant des probabilités qui résultent de la multiplication indéfinie des évènemens.

C'est de la vérité du théorème précédent, que dépend la stabilité des établissemens fondés sur les probabilités. Mais pour qu'il puisse leur être appliqué, il faut que ces établissemens, par de nombreuses affaires, multiplient les évènemens avantageux.

On a fondé sur les probabilités de la vie humaine, divers établissemens, tels que les rentes viagères et les tontines. La méthode la plus générale et la plus simple de calculer les bénéfices et les charges de ces établissemens, consiste à les réduire en capitaux actuels. L'intérêt annuel de l'unité, est ce que l'on nomme *taux de l'intérêt*. A la fin de chaque année, un capital acquiert pour facteur, l'unité plus le taux de l'intérêt; il croît donc suivant une progression géométrique dont ce facteur est la raison. Ainsi par l'effet du temps, il devient immense. Si, par exemple, le taux de l'intérêt est $\frac{1}{20}$ ou de cinq pour cent; le capital double à fort peu près en quatorze ans, quadruple en vingt-neuf ans, et dans moins de trois siècles, il devient deux millions de fois plus considérable.

Un accroissement aussi prodigieux a fait naître l'idée de s'en servir, pour amortir la dette publique. On forme pour cela une caisse d'amortissement à laquelle on consacre un fonds annuel, employé au rachat des effets publics et sans cesse accrû de l'intérêt des effets rachetés. Il est clair qu'à la longue, cette caisse absorbera une grande partie de la dette nationale. Si lorsque les besoins de l'État obligent à faire un emprunt, on consacre une partie de cet emprunt à l'accroissement du fonds annuel d'amortissement; les variations des effets publics seront moindres; la confiance des prêteurs, et la probabilité de retirer sans perte le capital prêté, quand on le désire, en seront augmentées, et rendront les conditions de l'emprunt, moins onéreuses. D'heureuses expériences ont pleinement confirmé ces avantages. Mais la fidélité dans les engagemens et la stabilité, si nécessaires au succès de pareils établissemens, ne peuvent être bien garanties, que par un gouvernement dans lequel la puissance législative est divisée en plusieurs pouvoirs indépendans. La confiance qu'inspire le concours nécessaire de ces pouvoirs, double la force de l'État; et le Souverain lui-même gagne alors en puissance légale, beaucoup plus qu'il ne perd en puissance arbitraire.

Il résulte de ce qui précède, que le capital actuel équivalent à une somme qui ne doit être payée qu'après un certain nombre d'années, est égal à cette somme multipliée par la probabilité qu'elle sera payée à cette époque, et divisée par l'unité augmentée du taux de l'intérêt et élevée à une puissance exprimée par le nombre de ces années.

Il est facile d'appliquer ce principe, aux rentes viagères sur une ou sur plusieurs têtes, et aux caisses d'épargne et d'assurance d'une nature quelconque. Supposons que l'on se propose de former une table de rentes viagères, d'après une table donnée de mortalité. Une rente viagère payable au bout de cinq ans, par exemple, et réduite en capital actuel, est par ce principe, égale au produit des deux quantités suivantes, savoir, la rente divisée par la cinquième puissance de l'unité augmentée du taux de l'intérêt, et la probabilité de la payer. Cette probabilité et le rapport inverse du nombre des individus inscrits dans la table, vis-à-vis de l'âge de celui qui constitue la rente, au nombre inscrit vis-à-vis de cet âge augmenté de cinq années. En formant donc une suite de fractions dont les dénominateurs soient les produits du nombre de personnes indiquées dans la table de mortalité, comme vivantes à l'âge de celui qui constitue la rente, par les puissances successives de l'unité augmentée du taux de l'intérêt, et dont les numérateurs soient les produits de la rente, par le nombre des personnes vivantes au même âge augmenté successivement d'une année, de deux années, etc.; la somme de ces fractions sera le capital requis pour la rente viagère à cet âge.

Supposons maintenant qu'une personne veuille, au moyen d'une rente viagère, assurer à ses héritiers, un capital payable à la fin de l'année de sa mort. Pour déterminer la valeur de cette rente, on peut imaginer que la personne emprunte en viager à une caisse, ce capital, et qu'elle le place à intérêt perpétuel à la même caisse. Il est clair que ce capital sera dû par la caisse, à ses héritiers, à la fin de l'année de sa mort; mais elle n'aura payé, chaque année, que l'excès de l'intérêt viager sur l'intérêt perpétuel. La table des rentes viagères fera donc connaître ce que la personne doit payer anuellement à la caisse, pour assurer ce capital après sa mort.

Les assurances maritimes, celles contre les incendies et les orages, et généralement tous les établissemens de ce genre, se calculent par les mêmes principes. Un négociant a des vaisseaux en mer, il veut assurer leur valeur et celle de leur cargaison, contre les dangers qu'ils peuvent courir : pour cela il donne une somme à une compagnie qui lui répond de la valeur estimée de ses cargaisons et de ses vaisseaux. Le rapport de cette valeur à la somme qui doit être donnée pour prix de l'assurance, dépend des dangers auxquels les vaisseaux sont exposés, et ne peut être apprécié que par des observations nombreuses sur le sort des vaisseaux partis du port pour la même destination.

Si les personnes assurées ne donnaient à la compagnie d'assurance, que la somme indiquée par le calcul des probabilités ; cette compagnie ne pourrait pas subvenir aux dépenses de son établissement ; il faut donc qu'elles paient d'une somme plus forte, le prix de leur assurance. Mais alors quel est leur avantage ? C'est ici que la considération du désavantage moral attaché à l'incertitude, devient nécessaire. On conçoit que le jeu le plus égal devenant, comme on l'a vu précédemment, désavantageux, parce que le joueur échange une mise certaine, contre un bénéfice incertain ; l'assurance par laquelle on échange l'incertain contre le certain, doit être avantageuse. C'est en effet, ce qui résulte de la règle que nous avons donnée ci-dessus pour déterminer l'espérance morale, et par laquelle on voit de plus jusqu'où peut s'étendre le sacrifice que l'on doit faire à la compagnie d'assurance, en conservant toujours un avantage moral. Cette compagnie peut donc en procurant cet avantage, faire elle-même un grand bénéfice, si le nombre des assurés est très considérable, condition nécessaire à son existence durable. Alors son bénéfice devient certain, et ses espérances mathématiques et morales coïncident. Car l'Analyse conduit à ce théorème général, savoir, que si les expectatives sont très nombreuses, les deux espérances approchent sans cesse l'une de l'autre, et finissent par coïncider dans le cas d'un nombre infini d'expectatives.

Nous avons dit en parlant des espérances mathématique et morale, qu'il y a un avantage moral à répartir les risques d'un bien que l'on attend, sur plusieurs de ses parties. Ainsi, pour faire parvenir une somme d'argent d'un port éloigné, il vaut mieux la répartir sur plusieurs vaisseaux, que de l'exposer sur un seul. C'est ce que l'on fait au moyen des assurances mutuelles. Si deux personnes ayant chacune, la même somme sur deux vaisseaux différens partis du même port pour la même destination, conviennent de partager également tout l'argent qui leur arrivera; il est clair que par cette convention, chacune d'elles répartit également sur les deux vaisseaux, la somme qu'elle attend. A la vérité, ce genre d'assurances laisse toujours de l'incertitude sur la perte que l'on peut craindre. Mais cette incertitude diminue à mesure que le nombre des associés augmente : l'avantage moral s'accroît de plus en plus, et finit par coïncider avec l'avantage mathématique, sa limite naturelle. Cela rend l'association d'assurances mutuelles, lorsqu'elle est très nombreuse, plus avantageuse aux assurés, que les compagnies d'assurances qui, à raison du bénéfice qu'elles font, donnent un avantage moral, toujours inférieur à l'avantage mathématique. Mais la surveillance de leur administration peut balancer l'avantage des assurances mutuelles. Tous ces résultats sont, comme on l'a vu précédemment, indépendans de la loi qui exprime l'avantage moral.

On peut envisager un peuple libre, comme une grande association dont les membres se garantissent mutuellement leurs propriétés, en supportant proportionnellement les charges de cette garantie. La confédération de plusieurs peuples leur donnerait des avantages analogues à ceux que chaque individu retire de la société. Un congrès de leurs représentans discuterait les objets d'une utilité commune à tous; et sans doute, le système des poids, des mesures et des monnaies, proposé par les savans français, serait adopté dans ce congrès, comme une des choses les plus utiles aux relations commerciales.

Parmi les établissemens fondés sur les probabilités de la vie humaine, les meilleurs sont ceux dans lesquels, au moyen d'un léger sacrifice de son revenu, on assure son existence et celle de sa famille pour un temps où l'on doit craindre de ne plus suffire à ses besoins. Autant le jeu est immoral, autant ces établissemens sont avantageux aux mœurs, en favorisant les plus doux penchans de la nature. Le Gouvernement doit donc les encourager et les respecter dans les vicissitudes de la fortune publique; car les espérances qu'ils présentent, portant sur un avenir éloigné, ils ne peuvent prospérer qu'à l'abri de toute inquiétude sur leur durée. C'est un avantage que l'institution du Gouvernement représentatif leur assure.

Disons un mot des emprunts. Il est clair que pour emprunter en perpétuel, il faut payer, chaque année, le produit du capital par le taux de l'intérêt. Mais on peut vouloir acquitter ce capital, en paiemens égaux faits pendant un nombre déterminé d'années, paiemens que l'on nomme *annuités*, et dont on obtient ainsi la valeur. Chaque annuité, pour être réduite au moment actuel, doit être divisée par une puissance de l'unité augmentée du taux de l'intérêt, égale au nombre des années après lesquelles on doit payer cette annuité. En formant donc une progression géométrique dont le premier terme soit l'annuité divisée par l'unité augmentée du taux de l'intérêt, et dont le dernier soit cette annuité divisée par la même quantité élevée à une puissance égale au nombre des années pendant lesquelles le paiement doit avoir lieu; la somme de cette progression sera équivalente au capital emprunté; ce qui détermine la valeur de l'annuité. Une caisse d'amortissement n'est au fond, qu'un moyen de convertir en annuités une rente perpétuelle, avec la seule différence, que dans le cas d'un emprunt par annuités, l'intérêt est supposé constant; au lieu que l'intérêt des rentes acquises par la caisse d'amortissement est variable. S'il était le même dans ces deux cas, l'annuité correspondante aux rentes acquises serait formée de ces rentes, et de ce que l'état donne annuellement à la caisse.

Si l'on veut faire un emprunt viager, on observera que les tables de rentes viagères donnant le capital requis pour constituer une rente viagère, à un âge quelconque; une simple propor-

13..

tion donnera la rente que l'on doit faire à l'individu dont on emprunte un capital. On peut calculer par ces principes, tous les modes possibles d'emprunt.

Les principes que nous venons d'exposer sur les bénéfices et sur les pertes des établissemens, peuvent servir à déterminer le résultat moyen d'un nombre quelconque d'observations déjà faites, lorsqu'on veut avoir égard aux écarts des résultats correspondans aux diverses observations. Désignons par x la correction du résultat le plus faible, et par x augmenté successivement de q, q', q'', etc., les corrections des résultats suivans. Nommons ε, ε', ε'', etc., les erreurs des observations, dont nous supposerons la loi de probabilité connue. Chaque observation étant une fonction du résultat; il est facile de voir qu'en supposant très petite, la correction x de ce résultat, l'erreur ε de la première observation sera égale au produit de x par un coefficient déterminé. Pareillement l'erreur ε' de la seconde observation sera le produit de la somme q plus x, par un coefficient déterminé, et ainsi du reste. La probabilité de l'erreur ε étant donnée par une fonction connue, elle sera exprimée par la même fonction du premier des produits précédens. La probabilité de ε' sera exprimée par la même fonction du second de ces produits, et ainsi des autres. La probabilité de l'existence simultanée des erreurs ε, ε', ε'', etc., sera donc proportionnelle au produit de ces diverses fonctions, produit qui sera une fonction de x. Cela posé; si l'on conçoit une courbe dont x soit l'abscisse, et dont l'ordonnée correspondante soit ce produit; cette courbe représentera la probabilité des diverses valeurs de x, dont les limites seront déterminées par les limites des erreurs ε, ε', etc. Maintenant, désignons par X, l'abscisse qu'il faut choisir; X diminué de x, sera l'erreur que l'on commettrait, si l'abscisse x était la véritable correction. Cette erreur multipliée par la probabilité de x ou par l'ordonnée correspondante de la courbe, sera le produit de la perte par sa probabilité; en regardant comme on doit le faire, cette erreur, comme une perte attachée aux choix de X. En multipliant ce produit par la différentielle de x, l'intégrale prise depuis la première extrémité de la courbe, jusqu'à X, sera le désavantage de X, résultant des valeurs de x inférieures à X. Pour les valeurs de x supérieures à X, x moins X serait l'erreur de X, si x était la véritable correction; l'intégrale du produit de x par l'ordonnée correspondante de la courbe et par la différentielle de x sera donc le désavantage de X, résultant des valeurs de x supérieures à x; cette intégrale étant prise depuis x égal à X, jusqu'à la dernière extrémité de la courbe. En ajoutant ce désavantage au précédent; la somme sera le désavantage attaché au choix de X. Ce choix doit être déterminé par la condition que ce désavantage soit un *minimum*; et un calcul fort simple montre que pour cela, X doit être l'abscisse dont l'ordonnée divise la courbe en deux parties égales, en sorte qu'il est aussi probable que la vraie valeur de x tombe en-deçà qu'au-delà de X.

Des géomètres célèbres ont choisi pour X, la valeur de x la plus probable, et par conséquent celle qui correspond à la plus grande ordonnée de la courbe; mais la valeur précédente me paraît être évidemment celle que la théorie des probabilités indique.

Des illusions dans l'estimation des Probabilités.

L'esprit a ses illusions, comme le sens de la vue; et de même que le toucher corrige celles-ci, la réflexion et le calcul corrigent les premières. La probabilité fondée sur une expérience journalière, ou exagérée par la crainte et par l'espérance, nous frappe plus qu'une probabilité supérieure, mais qui n'est qu'un simple résultat du calcul.

Ainsi nous ne craignons point pour de faibles avantages, d'exposer notre vie, à des dangers beaucoup moins invraisemblables que la sortie d'un quine à la loterie de France; et cependant personne ne voudrait se procurer les mêmes avantages, avec la certitude de perdre la vie, si ce quine arrivait.

Nos passions, nos préjugés et les opinions dominantes, en exagérant les probabilités qui leur sont favorables, et en atténuant les probabilités contraires, sont des sources abondantes d'illusions dangereuses.

Les maux présens et la cause qui les fait naître, nous affectent beaucoup plus, que le souvenir des maux produits par la cause contraire : ils nous empêchent d'apprécier avec justesse, les inconvéniens des uns et des autres, et la probabilité des moyens propres à nous en préserver. C'est ce qui porte alternativement vers le despotisme et vers l'anarchie, les peuples sortis de l'état de repos dans lequel ils ne rentrent jamais qu'après de longues et cruelles agitations.

Cette impression vive que nous recevons de la présence des évènemens, et qui nous laisse à peine remarquer les évènemens contraires observés par d'autres, est une cause principale d'erreur, dont on ne peut trop se garantir.

C'est principalement au jeu, qu'une foule d'illusions entretient l'espérance et la soutient contre
les chances défavorables. La plupart de ceux qui
mettent aux loteries, ne savent pas combien de
chances sont à leur avantage, combien leur sont
contraires. Ils n'envisagent que la possibilité, pour
une mise légère, de gagner une somme considérable ; et les projets que leur imagination enfante,
exagèrent à leurs yeux, la probabilité de l'obtenir : le pauvre surtout, excité par le désir
d'un meilleur sort, expose à ce jeu son nécessaire,
en s'attachant aux combinaisons les plus défavorables, qui lui promettent un grand bénéfice.
Tous seraient sans doute effrayés du nombre
immense des mises perdues, s'ils pouvaient les
connaître ; mais on prend soin, au contraire, de
donner aux gains, une grande publicité qui devient une nouvelle cause d'excitation à ce jeu
funeste.

Lorsqu'à la loterie de France, un numéro n'est
pas sorti depuis long-temps, la foule s'empresse
de le couvrir de mises. Elle juge que le numéro
resté long-temps sans sortir, doit au prochain
tirage, sortir de préférence aux autres. Une
erreur aussi commune me paraît tenir à une
illusion par laquelle on se reporte involontairement à l'origine des évènemens. Il est, par

exemple, très peu vraisemblable qu'au jeu de *croix* ou *pile*, on amènera *croix* dix fois de suite. Cette invraisemblance qui nous frappe encore, lorsqu'il est arrivé neuf fois, nous porte à croire qu'au dixième coup *pile* arrivera. Cependant le passé, en indiquant dans la pièce une plus grande pente pour *croix* que pour *pile*, rend le premier de ces évènemens, plus probable que l'autre : il augmente, comme on l'a vu, la probabilité d'amener *croix* au coup suivant. Une illusion semblable persuade à beaucoup de monde, que l'on peut gagner sûrement à la loterie, en plaçant chaque fois, sur un même numéro jusqu'à sa sortie, une mise dont le produit surpasse la somme de toutes les mises. Mais quand même de semblables spéculations ne seraient pas souvent arrêtées par l'impossibilité de les soutenir ; elles ne diminueraient point le désavantage mathématique des spéculateurs, et elles accroîtraient leur désavantage moral ; puisqu'à chaque tirage, ils exposeraient une plus grande partie de leur fortune.

J'ai vu des hommes désirant ardemment d'avoir un fils, n'apprendre qu'avec peine les naissances des garçons dans le mois où ils allaient devenir pères. S'imaginant que le rapport de ces naissances à celles des filles, devait être le même

à la fin de chaque mois; ils jugeaient que les
garçons déjà nés rendaient plus probables, les
naissances prochaines des filles. Ainsi l'extraction d'une boule blanche, d'une urne qui renferme un nombre limité de boules blanches et
de boules noires, accroît la probabilité d'extraire une boule noire, au tirage suivant. Mais
cela cesse d'avoir lieu, quand le nombre des
boules de l'urne est illimité, comme on doit
le supposer, pour assimiler ce cas à celui des
naissances. Si dans le cours d'un mois, il était né
beaucoup plus de garçons que de filles; on pourrait soupçonner que vers le temps de leur con-
ception, une cause générale a favorisé les con-
ceptions masculines; ce qui rendrait la naissance
prochaine d'un garçon, plus probable. Les évènemens irréguliers de la nature ne sont pas exactement comparables à la sortie des numéros
d'une loterie dans laquelle tous les numéros sont
mêlés à chaque tirage, de manière à rendre les
chances de leur sortie, parfaitement égales. La
fréquence d'un de ces évènemens semble indiquer une cause un peu durable qui le favorise,
ce qui augmente la probabilité de son prochain
retour; et sa répétition long-temps prolongée,
telle qu'une longue suite de jours pluvieux, peut
dé velopper des causes inconnues de son change-

ment ; en sorte qu'à chaque évènement attendu, nous ne sommes point, comme à chaque tirage d'une loterie, ramenés au même état d'indécision sur ce qui doit arriver. Mais à mesure que l'on multiplie les observations de ces évènemens, la comparaison de leurs résultats avec ceux des loteries devient plus exacte.

Par une illusion contraire aux précédentes, on cherche dans les tirages passés de la loterie de France, les numéros le plus souvent sortis, pour en former des combinaisons sur lesquelles on croit placer sa mise avec avantage. Mais vu la manière dont le mélange des numéros se fait à cette loterie, le passé ne doit avoir sur l'avenir, aucune influence. Les sorties plus fréquentes d'un numéro ne sont que des anomalies du hasard : j'en ai soumis plusieurs au calcul, et j'ai constamment trouvé qu'elles étaient renfermées dans des limites que la supposition d'une égale possibilité de sortie de tous les numéros, permet d'admettre sans invraisemblance.

Dans une longue série d'évènemens du même genre, les seules chances du hasard doivent quelquefois offrir ces veines singulières de bonheur ou de malheur, que la plupart des joueurs ne manquent pas d'attribuer à une sorte de fatalité. Il arrive souvent dans les jeux qui dépendent à la fois du hasard et de l'habileté des joueurs, que celui qui perd, troublé par sa perte, cherche à la réparer par des coups hasardeux qu'il éviterait dans une autre situation : il aggrave ainsi son propre malheur, et il en prolonge la durée. C'est cependant alors, que la prudence devient nécessaire, et qu'il importe de se convaincre que le désavantage moral attaché aux chances défavorables, s'accroît par le malheur même.

Le sentiment par lequel l'homme s'est placé long-temps au centre de l'univers, en se considérant comme l'objet spécial des soins de la nature, porte chaque individu à se faire le centre d'une sphère plus ou moins étendue, et à croire que le hasard a pour lui des préférences. Soutenus par cette opinion, les joueurs exposent souvent des sommes considérables, à des jeux dont ils savent que les chances leur sont contraires. Dans la conduite de la vie, une semblable opinion peut quelquefois avoir des avantages; mais le plus souvent, elle conduit à des entreprises funestes. Ici, comme en tout, les illusions sont dangereuses, et la vérité seule est généralement utile.

Un des grands avantages du calcul des probabilités, est d'apprendre à se défier des premiers aperçus. Comme on reconnaît qu'ils trompent

souvent, lorsqu'on peut les soumettre au calcul;
on doit en conclure que sur d'autres objets, il
ne faut s'y livrer qu'avec une circonspection extrême. Prouvons cela par des exemples.

Une urne renferme quatre boules noires ou
blanches, mais qui ne sont pas toutes de la même
couleur. On a extrait une de ces boules, dont la
couleur est blanche, et que l'on a remise dans
l'urne pour procéder encore à de semblables tirages. On demande la probabilité de n'extraire
que des boules noires, dans les quatre tirages
suivans.

Si les boules blanches et noires étaient en
nombre égal, cette probabilité serait la qua-
trième puissance de la probabilité $\frac{1}{2}$ d'extraire une
boule noire à chaque tirage; elle serait donc $\frac{1}{16}$.
Mais l'extraction d'une boule blanche au premier
tirage indique une supériorité dans le nombre des
boules blanches de l'urne ; car si l'on suppose
dans l'urne, trois boules blanches et une noire,
la probabilité d'en extraire une boule blanche
est $\frac{3}{4}$; elle est $\frac{2}{4}$, si l'on suppose deux boules blanches et deux noires; enfin, elle se réduit à $\frac{1}{4}$, si
l'on suppose trois boules noires et une blanche.
Suivant le principe de la probabilité des causes,
tirée des évènemens, les probabilités de ces trois
suppositions sont entre elles, comme les quan-

tités $\frac{3}{4}$, $\frac{2}{4}$, $\frac{1}{4}$; elles sont par conséquent égales à $\frac{3}{6}$, $\frac{2}{6}$, $\frac{1}{6}$. Il y a ainsi cinq contre un à parier que le nombre des boules noires est inférieur, ou tout au plus égal à celui des blanches. Il semble donc que d'après l'extraction d'une boule blanche au premier tirage, la probabilité d'extraire de suite, quatre boules noires, doive être moindre que dans le cas de l'égalité des couleurs, ou plus petite qu'un seizième. Cependant cela n'est pas, et l'on trouve par un calcul fort simple, cette probabilité plus grande qu'un quatorzième. En effet, elle serait la quatrième puissance de $\frac{1}{4}$, de $\frac{2}{4}$ et de $\frac{3}{4}$ dans la première, la seconde et la troisième des suppositions précédentes sur les couleurs des boules de l'urne. En multipliant respectivement chaque puissance, par la probabilité de la supposition correspondante, ou par $\frac{3}{6}$, $\frac{2}{6}$ et $\frac{1}{6}$; la somme des produits sera la probabilité d'extraire de suite, quatre boules noires. On a ainsi pour cette probabilité $\frac{29}{384}$, fraction plus grande que $\frac{1}{14}$. Ce paradoxe s'explique en considérant que l'indication de la supériorité des boules blanches sur les noires par le premier tirage, n'exclut point la supériorité des boules noires sur les blanches, supériorité qu'exclut la supposition de l'égalité des couleurs. Or cette supériorité, quoique peu vraisemblable, doit rendre la probabilité d'amener de suite un nombre donné de boules noires, plus grande que dans cette supposition, si ce nombre est considérable ; et l'on vient de voir que cela commence, lorsque le nombre donné est égal à quatre.

Considérons encore une urne qui renferme plusieurs boules blanches et noires. Supposons d'abord qu'il n'y ait qu'une boule blanche et une noire. On peut alors parier avec égalité, d'extraire une boule blanche, dans un tirage. Mais il semble que pour l'égalité du pari, on doive donner à celui qui parie d'extraire la boule blanche, deux tirages, si l'urne renferme deux boules noires et une blanche; trois tirages, si elle renferme trois boules noires et une blanche; et ainsi du reste : on suppose qu'après chaque tirage, la boule extraite est remise dans l'urne.

Mais il est facile de se convaincre que ce premier aperçu est erroné. En effet, dans le cas de deux boules noires sur une blanche, la probabilité d'extraire de l'urne, deux boules noires en deux tirages, est la seconde puissance de $\frac{2}{3}$ ou $\frac{4}{9}$; mais cette probabilité ajoutée à celle d'amener une boule blanche en deux tirages, est la certitude ou l'unité; puisqu'il est certain que l'on doit amener deux boules noires, ou au moins une boule blanche; la probabilité de ce dernier cas est donc $\frac{5}{9}$, fraction plus grande que $\frac{1}{2}$. Il y aurait plus d'avantage encore à parier d'amener une boule blanche en cinq tirages, lorsque l'urne contient cinq boules noires et une blanche ; ce pari est même avantageux en quatre tirages : il revient alors à celui d'amener six en quatre coups, avec un seul dé.

Le chevalier de Méré, ami de Pascal, et qui fit naître le calcul des probabilités, en excitant ce grand géomètre à s'en occuper, lui disait « qu'il avait trouvé fausseté dans les nombres » par cette raison. Si l'on entreprend de faire » six avec un dé, il y a de l'avantage à l'entre-» prendre en quatre coups, comme de 671 à 625. » Si l'on entreprend de faire sonnés avec deux » dés, il y a désavantage à l'entreprendre en » 24 coups. Néanmoins 24 est à 36 nombre de » faces de deux dés, comme 4 est à 6 nombre » des faces d'un dé. Voilà, écrivait Pascal à » Fermat, quel était son grand scandale qui lui » faisait dire hautement, que les propositions » n'étaient pas constantes et que l'Arithmétique » se démentait..... Il a très bon esprit ; mais il » n'est pas géomètre : c'est, comme vous savez, » un grand défaut. » Le chevalier de Méré trompé par une fausse analogie, pensait que dans le cas de l'égalité des paris, le nombre des coups

doit croître proportionnellement au nombre de
toutes les chances possibles, ce qui n'est pas exact,
mais ce qui approche d'autant plus de l'être, que
ce nombre est plus grand.

On a essayé d'expliquer la supériorité des naissances des garçons sur les naissances des filles,
par le désir général des pères, d'avoir un fils
qui perpétue leur nom. Ainsi, en imaginant une
urne remplie d'une infinité de boules blanches
et de boules noires, en nombre égal, et supposant
un grand nombre de personnes dont chacune tire
une boule de cette urne, et continue ce tirage
avec l'intention de s'arrêter quand elle aura extrait une boule blanche; on a cru que cette intention devait rendre le nombre des boules blanches extraites, supérieur à celui des noires. En
effet, elle donne nécessairement après tous les
tirages, un nombre de boules blanches égal à
celui des personnes ; et il est possible que ces tirages n'amènent aucune boule noire. Mais il est
facile de reconnaître que cet aperçu n'est qu'une
illusion ; car si l'on conçoit que dans un premier
tirage, toutes les personnes tirent à la fois une
boule de l'urne ; il est évident que leur intention
ne peut avoir aucune influence sur la couleur
des boules qui doivent sortir à ce tirage. Son
unique effet sera d'exclure du second tirage, les

personnes qui auront amené une boule blanche au premier. Il est pareillement visible que l'intention des personnes qui prendront part au nouveau tirage, n'influera point sur la couleur des boules qui sortiront, et qu'il en sera de même des tirages suivans. Cette intention n'influera donc point sur la couleur des boules extraites dans l'ensemble des tirages : seulement, elle fera participer plus ou moins de personnes à chacun d'eux. Le rapport des boules blanches extraites, aux noires, sera ainsi très peu différent de l'unité. Il suit de là, que le nombre des personnes étant supposé fort grand; si l'observation donne entre les couleurs extraites, un rapport qui diffère sensiblement de l'unité; il est très probable que la même différence a lieu à fort peu près entre l'unité et le rapport des boules blanches aux boules noires contenues dans l'urne.

Je mets encore au rang des illusions, l'application que Leibnitz et Daniel Bernoulli ont faite du calcul des probabilités, à la sommation des séries. Si l'on réduit la fraction dont le numérateur est l'unité, et dont le dénominateur est l'unité plus une variable, dans une suite ordonnée par rapport aux puissances de cette variable; il est facile de voir qu'en supposant la variable égale à l'unité, la fraction devient $\frac{1}{2}$, et la suite devient, *plus un, moins un, plus un, moins un, etc.* En ajoutant les deux premiers termes, les deux suivans, et ainsi du reste ; on transforme la suite dans une autre dont chaque terme est zéro. Grandi, jésuite italien, en avait conclu la possibilité de la création ; parce que la suite étant toujours égale à $\frac{1}{2}$, il voyait cette fraction naître d'une infinité de zéros, ou du néant. Ce fut ainsi que Leibnitz crut voir l'image de la création, dans son Arithmétique binaire où il n'employait que les deux caractères zéro et l'unité. Il imagina que Dieu pouvant être représenté par l'unité, et le néant par zéro ; l'Être suprême avait tiré du néant, tous les êtres, comme l'unité avec le zéro, exprime tous les nombres dans ce système d'arithmétique. Cette idée plut tellement à Leibnitz, qu'il en fit part au jésuite Grimaldi président du tribunal de Mathématiques à la Chine, dans l'espérance que cet emblème de la création convertirait au christianisme l'empereur d'alors qui aimait particulièrement les sciences. Je ne rapporte ce trait, que pour montrer jusqu'à quel point les préjugés de l'enfance peuvent égarer les plus grands hommes.

Leibnitz toujours conduit par une métaphysique singulière et très déliée, considéra que la suite, *plus un, moins un, plus un, etc.* devient l'unité ou zéro, suivant que l'on s'arrête à un nombre de termes impair ou pair; et comme dans l'infini, il n'y a aucune raison de préférer le nombre pair à l'impair; on doit, suivant les règles des probabilités, prendre la moitié des résultats relatifs à ces deux espèces de nombres, et qui sont zéro et l'unité; ce qui donne $\frac{1}{2}$ pour la valeur de la série. Daniel Bernoulli a étendu depuis, ce raisonnement à la sommation des séries formées de termes périodiques. Mais toutes ces séries n'ont point, à proprement parler, de valeurs : elles n'en prennent que dans le cas où leurs termes sont multipliés par les puissances successives d'une variable moindre que l'unité. Alors, ces séries sont toujours convergentes, quelque petite que l'on suppose la différence de la variable à l'unité; et il est facile de démontrer que les valeurs assignées par Bernoulli, en vertu de la règle des probabilités, sont les valeurs mêmes des fractions génératrices des séries, lorsque l'on suppose dans ces fractions la variable égale à l'unité. Ces valeurs sont encore les limites dont les séries approchent de plus en plus, à mesure que la variable approche de l'unité. Mais lorsque la variable est exactement égale à l'unité, les séries cessent d'être convergentes : elles n'ont de valeurs, qu'autant qu'on les arrête. Le rapport remarquable de cette application du calcul des probabilités, avec les limites des valeurs des séries périodiques, suppose que les termes de ces séries sont multipliés par toutes les puissances consécutives de la variable. Mais ces séries peuvent résulter du développement d'une infinité de fractions différentes, dans lesquelles cela n'a pas lieu. Ainsi la série, *plus un, moins un, plus un, etc.* peut naître du développement d'une fraction dont le numérateur est l'unité plus la variable, et dont le dénominateur est ce numérateur augmenté du carré de la variable. En supposant la variable égale à l'unité, ce développement se change dans la série proposée, et la fraction génératrice devient égale à $\frac{2}{3}$; les règles des probabilités donneraient donc alors un faux résultat; ce qui prouve combien il serait dangereux d'employer de semblables raisonnemens, surtout dans les sciences mathématiques que la rigueur de leurs procédés doit éminemment distinguer.

Nous sommes portés naturellement à croire que l'ordre suivant lequel nous voyons les choses se renouveler sur la terre, a existé de tout temps, et subsistera toujours. En effet, si l'état présent de l'univers était entièrement semblable à l'état

antérieur qui l'a produit, il ferait naître à son
tour, un état pareil; la succession de ces états
serait donc alors éternelle. J'ai reconnu par l'application de l'Analyse à la loi de la pesanteur universelle, que les mouvemens de rotation et de
révolution des planètes et des satellites, et la position de leurs orbites et de leurs équateurs, ne
sont assujettis qu'à des inégalités périodiques. En
comparant aux anciennes éclipses, la théorie de
l'équation séculaire de la lune; j'ai trouvé que
depuis Hipparque, la durée du jour n'a pas va-
rié d'un centième de seconde, et que la température moyenne de la terre n'a pas diminué
d'un centième de degré. Ainsi la stabilité de
l'ordre actuel paraît établie à la fois par la
théorie et par les observations. Mais cet ordre
est troublé par diverses causes qu'un examen attentif fait apercevoir, et qu'il est impossible de
soumettre au calcul.

Les actions de l'Océan, de l'atmosphère et des
météores, les tremblemens de terre, et les érup-
tions de volcans, agitent sans cesse la surface
terrestre, et doivent y opérer à la longue, des
changemens considérables. La température des
climats, le volume de l'atmosphère, et la propor-
tion des gaz qui la constituent, peuvent varier
d'une manière insensible. Les instrumens et les

moyens propres à déterminer ces variations étant
nouveaux ; l'observation n'a pu jusqu'ici, rien
nous apprendre à cet égard. Mais il est très peu
vraisemblable que les causes qui absorbent et
renouvellent les gaz constitutifs de notre air,
en maintiennent exactement les quantités respectives. Une longue suite de siècles fera connaître les altérations qu'éprouvent tous ces élémens si essentiels à la conservation des êtres
organisés. Quoique les monumens historiques
ne remontent pas à une très haute antiquité ; ils
nous offrent cependant, d'assez grands changemens survenus par l'action lente et continue des
agens naturels. En fouillant dans les entrailles
de la terre, on découvre de nombreux débris
d'une nature jadis vivante et toute différente de
la nature actuelle. D'ailleurs, si la terre entière
a été primitivement fluide, comme tout paraît
l'indiquer ; on conçoit qu'en passant de cet état,
à celui qu'elle a maintenant, sa surface a dû
éprouver de prodigieux changemens. Le ciel
même, malgré l'ordre de ses mouvemens, n'est
pas inaltérable. La résistance de la lumière et des
autres fluides éthérés et l'attraction des étoiles,
doivent, après un très grand nombre de siècles,
considérablement altérer les mouvemens planétaires. Les variations déjà observées dans les

étoiles et dans la forme des nébuleuses, font pressentir celles que le temps développera dans le
système de ces grands corps. On peut représenter les états successifs de l'univers, par une
courbe dont le temps serait l'abscisse, et dont les
ordonnées exprimeraient ces divers états. Connaissant à peine un élément de cette courbe,
nous sommes loin de pouvoir remonter à son origine; et si, pour reposer l'imagination toujours
inquiète d'ignorer la cause des phénomènes qui
l'intéressent, on hasarde quelques conjectures;
il est sage de ne les représenter qu'avec une extrême réserve.

Il existe dans l'estimation des probabilités, un
genre d'illusions qui, dépendant spécialement des
lois de l'organisation intellectuelle, exige, pour
s'en garantir, un examen approfondi de ces lois.
Le désir de pénétrer dans l'avenir, et les rapports
de quelques évènemens remarquables avec les
prédictions des astrologues, des devins et des
augures, avec les pressentimens et les songes,
avec les nombres et les jours réputés heureux ou
malheureux, ont donné naissance à une foule de
préjugés encore très répandus. On ne réfléchit
point au grand nombre de non-coïncidences qui
n'ont fait aucune impression, ou que l'on ignore.
Cependant, il est nécessaire de les connaître,

pour apprécier la probabilité des causes auxquelles on attribue les coïncidences. Cette connaissance confirmerait, sans doute, ce que la raison nous dicte à l'égard de ces préjugés, Ainsi, le philosophe de l'antiquité, auquel on montrait dans un temple, pour exalter la puissance du dieu qu'on y adorait, les *ex voto* de tous ceux qui après l'avoir invoqué, s'étaient sauvés du naufrage, fit une remarque conforme au calcul des probabilités, en observant qu'il ne voyait point inscrits, les noms de ceux qui, malgré cette invocation, avaient péri. Cicéron a réfuté tous ces préjugés, avec beaucoup de raison et d'éloquence, dans son *Traité de la Divination*, qu'il termine par un passage que je vais citer; car on aime à retrouver chez les anciens, les traits de la raison universelle qui après avoir dissipé tous les préjugés par sa lumière , deviendra l'unique fondement des institutions humaines.

« Il faut, dit l'orateur romain, rejeter la di
» vination par les songes, et tous les préjugés
» semblables. La superstition partout répandue
» a subjugué la plupart des esprits et s'est empa
» rée de la faiblesse des hommes. C'est ce que
» nous avons développé dans nos livres sur la
» nature des dieux et spécialement dans cet ou
» vrage , persuadé que nous ferons une chose

» utile aux autres et à nous-même, si nous par-
» venons à détruire la superstition. Cependant
» (et je désire surtout qu'à cet égard, ma pen-
» sée soit bien comprise), en détruisant la su-
» perstition, je suis loin de vouloir ébranler la
» religion. La sagesse nous prescrit de maintenir
» les institutions et les cérémonies de nos an-
» cêtres, touchant le culte des dieux. D'ailleurs,
» la beauté de l'univers et l'ordre des choses cé-
» lestes nous forcent à reconnaître quelque na-
» ture supérieure qui doit être remarquée et
» admirée du genre humain. Mais autant il con-
» vient de propager la religion qui est jointe à
» la connaissance de la nature; autant il faut
» travailler à extirper la superstition. Car elle vous
» tourmente, vous presse et vous poursuit sans
» cesse en tous lieux. Si vous consultez un devin
» ou un présage; si vous immolez une victime;
» si vous regardez le vol d'un oiseau; si vous
» rencontrez un chaldéen, ou un aruspice; s'il
» éclaire, s'il tonne, si la foudre tombe; enfin
» s'il naît ou se manifeste une espèce de prodige;
» toutes choses dont souvent quelqu'une doit
» arriver; alors la superstition qui vous do-
» mine, ne vous laisse point de repos. Le
» sommeil même, ce refuge des mortels dans
» leurs peines et dans leurs travaux, devient

» par elle, un nouveau sujet d'inquiétudes et de
» frayeurs. »

Tous ces préjugés et les frayeurs qu'ils inspi-
rent, tiennent à des causes physiologiques qui
continuent quelquefois d'agir fortement, après
que la raison nous a désabusés. Mais la répétition
d'actes contraires à ces préjugés, peut toujours
les détruire. C'est ce que nous allons établir par
les considérations suivantes.

Aux limites de la Physiologie visible, commence une autre Physiologie dont les phénomènes beaucoup plus variés que ceux de la première, sont comme eux, assujettis à des lois qu'il
est très important de connaître. Cette Physiologie
que nous désignerons sous le nom de *Psychologie*, est sans doute, une continuation de la Physiologie visible. Les nerfs dont les filamens se
perdent dans la substance médullaire du cerveau,
y propagent les impressions qu'ils reçoivent des
objets extérieurs, et ils y laissent des impressions
permanentes qui modifient d'une manière inconnue, le *sensorium* ou siége de la sensation et de
la pensée (1). Les sens extérieurs ne peuvent rien

---

(1) Les considérations suivantes sont entièrement indépendantes du lieu de ce siége et de sa nature.

apprendre sur la nature de ces modifications étonnantes par leur infinie variété, et par la distinction et l'ordre qu'elles conservent dans le petit espace qui les renferme ; modifications dont les phénomènes si variés de la lumière et de l'électricité nous donnent quelque idée. Mais en appliquant aux observations du sens interne qui peut seul les apercevoir, la méthode dont on a fait usage pour les observations des sens externes ; on pourra porter dans la théorie de l'entendement humain, la même exactitude que dans les autres branches de la Philosophie naturelle.

Déjà quelques-uns des principes (1) de Psychologie ont été reconnus et développés avec succès. Telle est la tendance de tous les êtres semblablement organisés, à se mettre entre eux en harmonie. Cette tendance qui constitue la *sympathie*, existe même entre des animaux d'espèces diverses : elle diminue à mesure que leur organisation est plus dissemblable. Parmi les êtres doués d'une même organisation, quelques-uns se coordonnent plus promptement entre eux,

------

(1) Je désigne ici par la dénomination de *principes* les rapports généraux des phénomènes.

qu'avec les autres. La nature inorganique nous offre de semblables phénomènes : deux pendules ou deux montres dont la marche est très peu différente, étant placées sur un même support, finissent par avoir exactement la même marche ; et dans un système de cordes sonores, les vibrations de l'une d'elles font résonner toutes ses harmoniques. Ces effets dont les causes bien connues ont été soumises au calcul, donnent une idée juste de la sympathie qui dépend de causes bien plus compliquées.

Un sentiment agréable accompagne presque toujours les mouvemens sympathiques. Dans la plupart des espèces d'animaux, les individus s'attachent ainsi les uns aux autres, et se réunissent en sociétés. Dans l'espèce humaine, les imaginations fortes ressentent un vrai bonheur à dominer les imaginations faibles qui n'en ressentent pas moins à leur obéir. Les sentimens sympathiques excités à la fois dans un grand nombre d'individus, s'accroissent par leur réaction mutuelle, comme on l'observe au théâtre. Le plaisir qui en résulte, rapproche les personnes d'opinions semblables, que leur réunion exalte quelquefois jusqu'au fanatisme. De là naissent les sectes, la ferveur qu'elles excitent, et la rapidité de leur propagation. Elles offrent dans l'histoire, les plus étonnans et les plus funestes exemples du pouvoir de la sympathie. On a souvent lieu de remarquer la facilité avec laquelle les mouvemens sympathiques tels que le rire, se communiquent par la simple vue, sans le concours d'aucune autre cause dans ceux qui les reçoivent. L'influence de la sympathie sur le sensorium est incomparablement plus puissante : les vibrations qu'elle y excite, lorsqu'elles sont extrêmes, produisent en réagissant sur l'économie animale, des effets extraordinaires que l'on a, dans les siècles de superstition, attribués à des agens surnaturels, et qui par leur singularité, méritent l'attention des observateurs.

La tendance à l'imitation existe même à l'égard des objets de l'imagination. Placés dans une voiture qui nous paraît se diriger vers un obstacle, nous imitons involontairement, le mouvement qu'elle doit prendre pour l'éviter. On peut concevoir que l'idée de ce mouvement et la tendance à l'imiter correspondent à des mouvemens du sensorium, dont le premier produit le second, à peu près comme les vibrations d'une corde sonore font vibrer ses harmoniques. On explique ainsi, comment l'idée de la chute dans un précipice fortement imprimée par la peur, peut y faire tomber celui qui le traverse sur une

planche étroite qu'il parcourrait d'un pas ferme,
si elle était posée dans toute sa longueur sur la
terre. Je connais des personnes qui éprouvent
une telle excitation à se précipiter d'une grande
hauteur où elles se voient élevées, qu'elles sont
forcées pour y résister, d'augmenter les précautions prises pour les retenir, et cependant bien
propres à les rassurer.

Par une noble prérogative de l'espèce humaine,
le récit d'actions grandes et vertueuses nous en-
flamme et nous porte à les imiter. Mais quelques
individus tiennent de leur organisation ou de per-
nicieux exemples, des penchans funestes qu'excite vivement le récit d'une action criminelle
devenue l'objet de l'attention publique. Sous ce
rapport, la publicité des crimes n'est pas sans
danger.

La commisération, la bienveillance et beaucoup d'autres sentimens dérivent de la sympathie.
Par elle, on ressent les maux d'autrui et l'on
partage le contentement du malheureux qu'on
soulage. Mais je ne veux ici, qu'exposer les
principes de Psychologie, sans entrer dans le développement de leurs conséquences (1).

------

(1) La narration que Montagne fait dans ses Essais, de

L'un de ces principes, le plus fécond de tous,
est celui de la liaison de toutes les choses qui
ont eu dans le sensorium une existence simultanée, ou régulièrement successive ; liaison qui
par le retour de l'une d'elles, rappelle les autres.
Les objets que nous avons déjà vus, réveillent les traces des choses qui dans la première
vue, leur étaient associées. Ces traces réveillent
semblablement celle des autres objets, et ainsi
de suite ; en sorte qu'à l'occasion d'une chose présente, nous pouvons en rappeler une infinité
d'autres, et arrêter notre attention sur celles
que nous voulons considérer. A ce principe se
rattache l'emploi des signes et des langues pour
le rappel des sensations et des idées, pour la
formation de l'analyse des idées complexes,
abstraites et générales, et pour le raisonnement.
Plusieurs philosophes ont bien développé cet objet
qui jusqu'à présent, constitue la partie réelle de
la Métaphysique.

C'est en vertu de ce principe, que l'on parvient à estimer les distances à la simple vue. Une
comparaison souvent répétée du mètre, avec di-

---

l'amitié qui existait entre lui et la Boëtie, offre un exemple
bien remarquable d'un genre de sympathie extrêmement
rare.

verses distances qui en contiennent des nombres entiers, imprime dans la mémoire, ces traces associées aux nombres de mètres qui leur correspondent. La vue d'une distance que l'on veut apprécier réveille ces traces; et si l'une d'elles s'adapte exactement ou à fort peu près, à l'impression de la distance que l'on a sous les yeux, on juge que cette distance renferme le nombre de mètres associé dans la mémoire, à la trace qui paraît lui être égale. C'est encore ainsi que l'on parvient à estimer le poids des corps, en les soupesant.

On peut établir en principe de Psychologie, que les impressions souvent répétées d'un même objet sur divers sens, modifient le sensorium, de manière que l'impression intérieure correspondante à l'impression extérieure de l'objet sur un seul sens, devient très différente de ce qu'elle était à l'origine. Développons ce principe, et pour cela, considérons un aveugle de naissance, auquel on vient d'abaisser la cataracte. L'image de l'objet qui se peint sur sa rétine, produit dans son sensorium, une impression que je nommerai *seconde image*, sans prétendre l'assimiler à la première, ni rien affirmer sur sa nature. Cette seconde image n'est pas d'abord une représentation fidèle de l'objet. Mais

15

la comparaison habituelle des impressions de cet objet par le tact, avec celles qu'il produit par la vue, finit, en modifiant le sensorium, par rendre la seconde image conforme à la nature représentée fidèlement par le toucher. L'image peinte sur la rétine, ne change point ; mais l'image intérieure qu'elle fait naître, n'est plus la même ; comme les expériences faites sur plusieurs aveugles de naissance auxquels on avait rendu la vue, l'ont prouvé.

C'est principalement dans l'enfance, que le sensorium acquiert ces modifications. L'enfant comparant sans cesse les impressions qu'il reçoit d'un même objet, par les organes de la vue et du toucher, rectifie les impressions de la vue. Il dispose son sensorium, à donner aux objets visibles, la forme indiquée par le tact dont les impressions s'associent intimement avec celles de la vue, qui les rappellent toujours. Alors les objets visibles sont aussi fidèlement représentés que les objets tactiles. Un rayon lumineux devient pour la vue, ce qu'est un bâton pour le toucher. Par ce moyen, le premier de ces sens étend beaucoup plus loin que le second, la sphère des objets de ses impressions. Mais la voûte céleste elle-même, à laquelle nous attachons les astres, est encore très bornée ; et ce n'est que par une longue suite d'observations et de calculs, que nous sommes parvenus à reconnaître les grandes distances de ces corps, et à les éloigner indéfiniment dans l'immensité de l'espace.

Il paraît que dans plusieurs espèces d'animaux, la disposition du sensorium, qui nous fait apprécier les distances, est naturelle. Mais l'homme pour lequel la nature a remplacé presque en tout, l'instinct, par l'intelligence, a besoin pour le suppléer, d'observations et de comparaisons qui servent merveilleusement à développer ses facultés intellectuelles et à lui assurer par ce développement, l'empire de la terre.

Les images intérieures ne sont donc pas les effets d'une cause unique : elles résultent, soit des impressions reçues simultanément par le même sens ou par des sens différens, soit des impressions intérieures rappelées par la mémoire. L'influence réciproque de ces impressions est un principe psychologique fécond en conséquences. Développons quelques-unes des principales.

Qu'un observateur placé dans une profonde obscurité, voie à des distances différentes, deux globes lumineux d'un même diamètre; ils lui paraîtront d'inégale grandeur. Leurs images intérieures seront proportionnelles aux images correspondantes, peintes sur la rétine. Mais si, l'obscurité venant à cesser, il aperçoit en même temps que les globes, tout l'espace intermédiaire; cette vue agrandit l'image intérieure du globe le plus éloigné, et la rend presque égale à celle de l'autre globe. C'est ainsi qu'un homme, vu aux distances de deux et de quatre mètres, nous paraît de la même grandeur : son image intérieure ne varie point, quoique l'une des images peintes sur la rétine, soit double de l'autre. C'est encore par l'impression des objets intermédiaires, que la lune à l'horizon nous semble plus grande qu'au zénith. On aperçoit au-dessus d'une branche voisine de l'œil, un objet que l'on rapporte au loin, et qui paraît fort grand. On vient ensuite à reconnaître le lien qui l'unit à la branche : sur-le-champ, la perception de ce lien change l'image intérieure, et la réduit à une dimension beaucoup moindre. Toutes ces choses ne sont point de simples jugemens, comme quelques métaphysiciens l'ont pensé : elles sont des effets physiologiques dépendans des dispositions que le sensorium a contractées par la comparaison habituelle des impressions d'un même objet sur les organes de plusieurs sens, et spécialement sur ceux du toucher et de la vue.

L'influence des traces rappelées par la mémoire, sur les impressions qu'excitent les objets extérieurs, se fait remarquer dans un grand nombre de cas. On voit de loin, des lettres, sans pouvoir distinguer le mot qu'elles expriment. Si quelqu'un prononce ce mot, ou si quelque circonstance en rappelle la mémoire; aussitôt, l'image intérieure de ces lettres ainsi rappelées, se superpose, si je puis ainsi dire, à l'image confuse produite par l'impression des caractères extérieurs, et la rend distincte. La voix d'un acteur que vous entendez confusément, devient distincte, lorsque vous lisez ce qu'il récite. La vue des caractères rappelle les traces des sons qui leur répondent; et ces traces se mêlant aux sons confus de la voix, les font distinguer. La peur transforme souvent de cette manière, les objets qu'une trop faible lumière ne fait pas reconnaître, en objets effrayans qui ont avec eux, de l'analogie. L'image de ces derniers objets, fortement retracée dans le sensorium par la crainte, se rend propre l'impression des objets extérieurs. Il est important de se garantir de cette cause d'illusion, dans les conséquences que l'on tire d'observations de choses qui ne font qu'une impression très légère : telles sont les observations de la dégradation de la lumière à la surface des planètes et des satellites, d'où l'on a conclu l'existence et

l'intensité de leurs atmosphères, et leurs mouvemens de rotation. Il est souvent à craindre que
des images intérieures ne s'assimilent ces impressions et le penchant qui nous porte à croire à
l'existence des choses que représentent les impressions reçues par les sens.

Ce penchant remarquable tient à un caractère
particulier qui distingue les impressions venant
du dehors, des traces produites par l'imagination, ou rappelées par la mémoire. Mais il arrive
quelquefois par un désordre du sensorium ou
des organes qui agissent sur lui, que ces traces
ont le caractère et la vivacité des impressions
extérieures : alors, on juge présens, leurs objets;
on est visionnaire. Le calme et les ténèbres de
la nuit, favorisent ces illusions qui dans le sommeil sont complètes et forment les rêves dont on
aura une juste idée, si l'on conçoit que les traces
des objets qui se présentent à notre imagination
dans l'obscurité, acquièrent une grande intensité
pendant le sommeil.

Tout porte à croire que dans les somnambules,
quelques-uns des sens ne sont pas complètement
endormis. Si le sens du toucher, par exemple,
reste encore un peu sensible au contact des objets extérieurs; les impressions faibles qu'il en
reçoit, transmises au sensorium, peuvent en se

combinant avec les images du rêve d'un somnam-
bule, les modifier, et diriger ses mouvemens.
En examinant d'après cette considération, les récits bien avérés des choses singulières opérées par
les somnambules, il m'a paru que l'on pouvait
en donner une explication fort simple.

Quelquefois les visionnaires croient entendre
parler les personnages qu'ils se figurent, et ils
ont avec eux une conversation suivie : les ouvrages des médecins sont remplis de faits de ce
genre.

Charles Bonnet cite comme l'ayant souvent observé, son aïeul maternel, « vieillard, dit-il,
» plein de santé, qui indépendamment de toute
» impression du dehors, aperçoit de temps en
» temps devant lui, des figures d'hommes, de
» femmes, d'oiseaux, de voitures, de bâti-
» mens, etc. Il voit ces figures se donner diffé-
» rens mouvemens, s'approcher, s'éloigner, fuir,
» diminuer et augmenter de grandeur, paraître,
» disparaître, reparaître. Il voit les bâtimens
» s'élever sous ses yeux, etc. Mais il ne prend
» point ses visions pour des réalités : sa raison
» s'en amuse. Il ignore d'un moment à l'autre,
» quelle vision va s'offrir à lui. Son cerveau est
» un théâtre qui exécute des scènes d'autant plus
» surprenantes pour le spectateur, qu'il ne les a

» point prévues. » En lisant l'histoire de Jeanne d'Arc, on est forcé de reconnaître une visionnaire de bonne foi, dans cette fille admirable dont l'exaltation courageuse contribua si puissamment à délivrer la France, de ses ennemis. Il est vraisemblable que plusieurs de ceux qui se sont annoncés comme ayant reçu leurs doctrines d'un être surnaturel, étaient visionnaires : ils ont d'autant mieux persuadé les autres, qu'ils étaient eux-mêmes persuadés. Les fraudes pieuses et les moyens violens dont ensuite ils ont fait usage, leur ont paru justifiés par l'intention de propager ce qu'ils jugeaient être des vérités nécessaires aux hommes.

Un caractère particulier distingue des produits de l'imagination, les traces rappelées par la mémoire, et qui sont dues aux impressions des objets extérieurs. Il nous porte, comme par instinct, à reconnaître l'existence passée de ces objets, dans l'ordre que la mémoire nous présente. Les expériences que nous faisons à chaque instant, de la vérité des conséquences que nous en tirons pour nous conduire, fortifient ce penchant. Quel est le mécanisme qui dans cette opération du sensorium, détermine notre jugement? nous l'ignorons, et nous ne pouvons en observer que les effets. En vertu de ce mécanisme, les traces de

la mémoire, quoique faibles, nous font apprécier leur intensité primitive que nous pouvons
ainsi comparer aux impressions semblables d'objets présens. Nous jugeons de cette manière,
qu'une couleur que nous avons vue, la veille,
était plus vive que celle qui frappe maintenant
notre vue.

Les impressions qui accompagnent les traces
de la mémoire, servent à nous en rappeler les
causes. Ainsi, lorsqu'au souvenir d'une chose qui
nous a été dite, se joint le souvenir de la confiance que nous avons donnée au narrateur ; si
son nom nous échappe, nous le retrouvons, en
rappelant successivement les noms de ceux qui
nous ont entretenus, jusqu'à ce que nous parve-
nions au nom qui nous a inspiré cette confiance.

Les impressions reçues dans l'enfance, se conservent jusque dans l'extrême vieillesse, et se renouvellent alors même que des impressions pro-
fondes de l'âge mûr sont entièrement effacées.
Il semble que les premières impressions gravées
profondément dans le sensorium, n'attendent
pour reparaître, que l'affaiblissement des impressions subséquentes, par l'âge ou par la maladie ;
à peu près comme les astres qu'effaçait la clarté
du jour, se montrent dans la nuit ou dans les
éclipses de soleil.

Les traces de la mémoire acquièrent de l'intensité, par l'effet du temps et à notre insu. Les choses que l'on apprend, le soir, se gravent dans le sensorium pendant le sommeil, et se retiennent facilement par ce moyen. J'ai observé plusieurs fois, qu'en cessant de penser pendant quelques jours, à des matières très compliquées; elles me devenaient faciles, lorsque je les considérais de nouveau.

Si nous revoyons un objet qui nous avait frappés par sa grandeur, long-temps après que la vue fréquente d'objets du même genre, beaucoup plus grands, a diminué l'impression de grandeur qu'ils font éprouver; nous sommes surpris de le trouver fort au-dessous de son impression conservée dans la mémoire.

Quelques hommes sont doués d'une mémoire prodigieuse. L'exactitude avec laquelle ils répètent de longs discours qu'ils viennent d'entendre, nous étonne. Mais lorsqu'on réfléchit à tout ce que renferme la mémoire de la plupart des hommes, on est bien plus étonné que tant de choses y soient placées sans confusion. Considérez un chanteur sur la scène : sa mémoire lui rappelle chaque mot de son rôle, le ton, la mesure et le geste qui doivent l'accompagner. Un nouveau rôle succède-t-il au premier; celui-ci semble comme effacé de sa mémoire qui retrace dans l'ordre convenable, toutes les parties du second rôle, et qui rappellerait de la même manière, les divers rôles que le chanteur a étudiés. Ces traces dont le nombre est immense, ou du moins les dispositions propres à les faire naître, existent à la fois dans son sensorium sans se confondre, et l'acteur peut les rappeler à sa volonté. Je dois répéter ici, que par les mots, *trace, image, vibrations,* etc., je n'entends exprimer que des phénomènes du sensorium, sans rien affirmer sur leur nature et sur leurs causes; comme en mécanique, on n'exprime que des effets, par les mots *force, attraction, affinité,* etc.

Les opérations du sensorium et les mouvemens qu'il fait exécuter, deviennent plus faciles et comme naturels, par de fréquentes répétitions. De ce principe psychologique découlent nos habitudes. En se combinant avec la sympathie, il produit les coutumes, les mœurs et leurs étranges variétés. Il fait qu'une chose généralement reçue chez un peuple, est regardée par un autre avec horreur. Les combats de gladiateurs, dont les Romains aimaient passionnément le spectacle, et les sacrifices humains qui souillent les annales des nations, nous paraîtraient horribles. Quand on considère l'état déplorable des esclaves, l'avilissement des Parias dans l'Inde, et l'absurdité de tant de croyances contraires à la raison et au témoignage de tous nos sens ; on est affligé de voir jusqu'à quel point l'habitude de l'esclavage et les préjugés ont dégradé l'espèce humaine.

Cette disposition que la fréquence des répétitions donne au sensorium, rend très difficile , la distinction des habitudes acquises, d'avec les penchans qui, dans l'homme, tiennent à son organisation ; car il est naturel de penser que l'instinct si étendu et si puissant chez les animaux, n'est pas nul dans l'espèce humaine, et que l'attachement d'une mère à son enfant en dérive. La double influence de l'habitude et de la sympathie, modifie ces penchans : souvent elle les fortifie, quelquefois elle les dénature au point de leur substituer des penchans contraires.

Plusieurs observations faites sur l'homme et sur les animaux, et qu'il est bien important de continuer, portent à croire que les modifications du sensorium, auxquelles l'habitude a donné une grande consistance, se transmettent des pères aux enfans par voie de génération , comme plusieurs dispositions organiques. Une disposition originelle à tous les mouvemens exterieurs et intérieurs qui accompagnent les actes habituels , explique, de la manière la plus simple, l'empire que les habitudes enracinées par les siècles exercent sur tout un peuple, et la facilité de leur communication aux enfans, lors même qu'elles sont les plus contraires à la raison et aux droits imprescriptibles de la nature humaine.

La facilité qu'un exercice fréquent donne aux organes, est telle qu'ils continuent souvent d'eux-mêmes, les mouvemens que la volonté leur imprime. Lorsqu'en marchant, nous sommes fortement occupés d'une idée; la cause qui renouvelle à chaque instant notre mouvement, agit sans le concours de notre volonté, et sans que nous en ayons la conscience. On a vu des personnes surprises en marchant par le sommeil, continuer leur route et ne se réveiller que par la rencontre d'un obstacle. Il paraît qu'en vertu d'une disposition que la volonté de marcher donne au système moteur, la marche continue; à peu près comme le mouvement d'une montre est entretenu par le développement de son ressort spiral. Un dérangement dans l'économie animale peut produire cette disposition. Alors la marche est involontaire, et je tiens d'un médecin éclairé, que dans une maladie de ce genre qu'il avait traitée, le malade ne pouvait s'arrêter, qu'en se retenant à un point fixe. Les observations des maladies peuvent ainsi répandre un grand jour sur la Psychologie, quand les médecins joignent aux connaissances de leur art et des sciences accessoires, l'esprit d'exactitude et de critique que donne l'étude des Mathématiques et spécialement de la science des probabilités.

Le sensorium peut recevoir des impressions trop faibles pour être senties, mais suffisantes pour déterminer des actions dont nous ignorons la cause. Barbeu-Dubourg, traducteur français des OEuvres de Franklin, rapporte dans sa traduction, le fait suivant qu'il tenait d'un marchand de Paris : « Un jour, dit-il, que cet hon-
» nête homme marchait dans les rues de Saint-
» Germain, songeant à des affaires fort sérieuses ;
» il ne put s'empêcher de moduler tout bas, che-
» min faisant, l'air d'une ancienne chanson qu'il
» avait oubliée depuis bien des années. Arrivé à
» deux cents pas de là, il commença à entendre
» dans la place publique, un aveugle jouer ce
» même air sur son violon ; et il imagina que
» c'était une perception légère, *une semi-per-*
» *ception* du son de cet instrument, affaibli par
» l'éloignement, qui avait monté ses organes sur
» ce ton, d'une manière insensible à lui-même.
» Il assure que depuis ce temps, il s'est donné
» souvent le plaisir de suggérer des airs à son

» gré à un atelier d'ouvrières, sans pouvoir être
» entendu d'elles. Lorsqu'il cessait un moment
» de les entendre chanter, il fredonnait tout bas
» l'air qu'il voulait qu'elles chantassent, et cela
» ne manquait presque jamais de leur arriver,
» sans qu'elles l'eussent sensiblement entendu,
» ou qu'aucune d'elles s'en doutât. »

D'après ce que nous avons dit sur l'influence réciproque des traces du sensorium, on conçoit que la musique, par de fréquentes répétitions, peut communiquer à nos mouvemens, la régularité de sa mesure. C'est ce que l'on observe dans la danse et dans divers exercices où la précision des mouvemens ainsi régularisés, nous semble extraordinaire. Par cette régularité, la musique rend généralement plus faciles, les mouvemens que plusieurs personnes exécutent à la fois.

Un phénomène psychologique très remarquable, est la grande influence de l'attention sur les traces du sensorium : elle les grave profondément dans la mémoire ; et elle en accroît la vivacité, en même temps qu'elle affaiblit les impressions concomitantes. Si nous regardons fixement un objet, pour y démêler quelques particularités ; l'attention peut nous rendre insensibles aux impressions que d'autres objets font en même temps sur la rétine. Par elle, les images des choses que nous voulons comparer, acquièrent l'intensité nécessaire pour que leurs rapports occupent seuls notre pensée. Elle réveille les traces de la mémoire, qui peuvent servir à cette comparaison; et par là elle devient le plus puissant ressort de l'intelligence humaine.

L'attention donnée fréquemment à une qualité particulière des objets, finit par douer les organes, d'une exquise sensibilité qui fait reconnaître cette qualité, lorsqu'elle devient insensible au commun des hommes.

Ces principes expliquent les singuliers effets des panoramas. Quand les règles de la perspective y sont bien observées, les objets se peignent sur la rétine, comme s'ils étaient réels. Le spectateur est donc alors dans l'état que ferait naître la réalité des objets. Mais la perspective n'est jamais assez exacte, pour que l'identité soit parfaite. Dailleurs les impressions étrangères, quoique faibles, se mêlant aux sensations principales que produit la perspective, nuisent d'abord à l'illusion. L'attention donnée au panorama les efface; mais il faut pour cela, un temps plus ou moins long, dépendant des dispositions du sensorium, et de la perfection du panorama. Dans tous ceux que j'ai vus, un intervalle de quelques minutes m'a été nécessaire pour acquérir une illusion complète.

Le principe suivant de Psychologie, explique un grand nombre de phénomènes qui ont un rapport direct avec l'objet de cet ouvrage. « Si » l'on exécute fréquemment les actes qui décou- » lent d'une modification particulière du senso- » rium; leur réaction sur cet organe peut, non- » seulement accroître cette modification, mais » quelquefois lui donner naissance. » Ainsi le mouvement de la main qui tient une longue chaîne suspendue, se propage le long de la chaîne jusqu'à son extrémité inférieure; et si, la chaîne étant parvenue au repos, on met en mouvement cette extrémité; la vibration remonte jusqu'à la main qu'elle fait mouvoir à son tour. Ces mou- vemens réciproques deviennent faciles par la fré- quence de leurs répétitions.

Les effets de ce principe sur la croyance sont remarquables. La croyance ou l'adhésion que nous donnons à une proposition, est ordinaire- ment fondée sur l'évidence, sur le témoignage des sens, ou sur des probabilités : dans ce dernier cas, son degré de force dépend de celui de la probabilité qui dépend elle-même des données que chaque individu peut avoir sur l'objet de son jugement.

Nous agissons souvent en vertu de notre croyance, sans avoir besoin d'en rappeler les preuves. La croyance est donc une modification du sensorium, qui subsiste indépendamment de ces preuves quelquefois entièrement oubliées, et qui nous détermine à produire les actes qui en sont les conséquences. Suivant le principe que nous venons d'exposer, une répétition fréquente de ces actes, peut faire naître cette modification, surtout s'ils sont répétés à la fois par un grand nombre de personnes; car alors, à la force de leur réaction, se joint le pouvoir de l'imitation, suite nécessaire de la sympathie. Quand ces actes sont un devoir que les circonstances nous imposent, la tendance de l'économie animale à prendre l'état le plus favorable à notre bien-être nous dispose encore à la croyance qui les fait exécuter avec plaisir. Peu d'hommes résistent à l'action de toutes ces causes.

Pascal a bien développé ces effets, dans un article de ses Pensées, qui a ce singulier titre, *qu'il est difficile de démontrer l'existence de Dieu par les lumières naturelles, mais que le plus sûr est de la croire.* Il s'exprime ainsi en s'adressant à un incrédule. « Vous voulez aller à la foi, et » vous n'en savez pas le chemin; vous voulez » guérir de l'infidélité, et vous en demandez le

» remède. Apprenez-le de ceux qui ont été tels
» que vous, et qui n'ont présentement aucun
» doute. Ils savent ce chemin que voudriez sui-
» vre, et ils sont guéris d'un mal dont vous vou-
» lez guérir. Suivez la manière par où ils ont
» commencé. Imitez leurs actions extérieures,
» si vous ne pouvez encore entrer dans leurs
» dispositions intérieures ; quittez ces vains amu-
» semens qui vous occupent tout entier. J'aurais
» bientôt quitté ces plaisirs, dites-vous, si j'a-
» vais la foi. Et moi je vous dis que vous auriez
» bientôt la foi, si vous aviez quitté ces plaisirs.
» Or c'est à vous à commencer. Si je pouvais,
» je vous donnerais la foi : je ne le puis, ni par
» conséquent éprouver la vérité de ce que vous
» dites ; mais vous pouvez bien quitter ces plai-
» sirs, et éprouver si ce que je vous dis est
» vrai.

» Il ne faut pas se méconnaître : nous sommes
» corps autant qu'esprit ; et de là vient que l'in-
» strument par lequel la persuasion se fait, n'est
» pas la seule démonstration. Combien y a-t-il
» peu de choses démontrées ? Les preuves ne
» convainquent que l'esprit : la coutume fait nos
» preuves les plus fortes. Elle incline les sens
» qui entraînent l'esprit sans qu'il y pense. Qui
» a démontré qu'il fera demain jour, et que nous

» mourrons? et qu'y a-t-il de plus universelle—
» ment cru? C'est donc la coutume qui nous en
» persuade; c'est elle qui fait tant de turcs et de
» païens ; c'est elle qui fait les métiers, les
» soldats, etc. Il est vrai qu'il ne faut pas com-
» mencer par elle, pour trouver la vérité; mais
» il faut avoir recours à elle, quand une fois l'es-
» prit a vu où est la vérité, afin de nous abreuver
» et de nous teindre de cette croyance qui nous
» échappe à toute heure : car d'en avoir toujours
» les preuves présentes, c'est trop d'affaires. Il
» faut acquérir une croyance plus facile, qui est
» celle de l'habitude qui sans violence, sans art,
» sans argument, nous fait croire les choses, et
» incline toutes nos puissances à cette croyance,
» en sorte que notre âme y tombe naturellement.
» Ce n'est pas assez de ne croire que par la force de
» la conviction, si les sens nous portent à croire
» le contraire. Il faut donc faire marcher nos
» deux pièces ensemble; l'esprit, par les raisons
» qu'il suffit d'avoir vues une fois en sa vie; et
» les sens, par la coutume, et en ne leur per-
» mettant pas de s'incliner au contraire. »

Le moyen que Pascal propose pour la conver-
sion d'un incrédule, peut être employé avec succès pour détruire un préjugé reçu dès l'enfance,
et enraciné par l'habitude. Ces sortes de préjugés

naissent souvent de la plus faible cause, dans les imaginations actives. Qu'une personne attachant au mot *gauche*, une idée de malheur, fasse journellement de la main droite, une chose que l'on puisse exécuter indifféremment de l'une ou de l'autre main ; cette habitude peut accroître la répugnance à se servir pour cela de la main gauche, au point de rendre la raison impuissante contre ce préjugé. Il est naturel de croire qu'Auguste doué d'une raison supérieure à tant d'égards, s'est reproché quelquefois sa faiblesse de n'oser se mettre en route, le lendemain d'un jour de foire, et qu'il a voulu la surmonter. Mais au moment d'entreprendre un voyage dans l'un de ces jours réputés malheureux, il a pu se dire que *le plus sûr* était de le différer ; augmentant ainsi sa répugnance par l'habitude d'y céder. La répétition fréquente d'actes contraires à ces préjugés, doit à la longue, les affaiblir et les faire entièrement disparaître.

L'attachement que l'on porte aux personnes qu'on a souvent obligées, découle du principe que nous venons de développer. La répétition fréquente d'actes en leur faveur, accroît et fait même naître quelquefois, le sentiment dont ils sont la suite naturelle. Les actes que le goût d'une chose, nous fait exécuter fréquemment,

augmenteut l'intensité de ce goût, et le trans-
forment souvent en passion.

On voit par ce qui précède, combien notre
croyance dépend de nos habitudes. Accoutumés
à juger et à nous conduire, d'après un certain
genre de probabilités, nous donnons à ces probabilités, notre assentiment, comme par instinct, et elles nous déterminent avec plus de
force, que des probabilités bien supérieures,
résultats de la réflexion ou du calcul. Pour diminuer autant qu'il est possible, cette cause d'illusion; il faut appeler l'imagination et les sens
au secours de la raison. Que l'on figure par des
lignes, les probabilités respectives; on sentira
beaucoup mieux leur différence. Une ligne qui
représenterait la probabilité du témoignage sur
lequel un fait extraordinaire est appuyé, placée
à côté de la ligne qui représenterait l'invraisemblance de ce fait, rendrait très sensible la probabilité de l'erreur du témoignage; comme un
tableau dans lequel les hauteurs des montagnes
sont rapprochées, donne une idée frappante des
rapports de ces hauteurs. Ce moyen peut être
employé dans plusieurs cas avec succès. Pour
rendre sensible, l'immensité de l'univers; que
l'on représente par une quantité presque imper-
ceptible, par un dixième de millimètre, la plus

grande étendue de la France en longueur ; la distance du soleil à la terre , sera de quatorze mètres : celle de l'étoile la plus proche, surpassera un million et demi de mètres, c'est-à-dire sept ou huit fois le rayon du plus grand horizon que l'œil puisse embrasser du point le plus élevé. On n'aura encore ainsi qu'une très faible image de la grandeur de l'univers qui s'étend infiniment au-delà des plus brillantes étoiles , comme le prouve ce nombre prodigieux d'étoiles placées les unes au-delà des autres et se dérobant à la vue dans la profondeur des cieux. Mais toute faible qu'elle est, cette image suffit pour nous faire sentir l'absurdité des idées de prééminence de l'homme sur toute la nature, idées dont on a tiré de si étranges conséquences.

Nous établirons enfin , comme principe de Psychologie , l'exagération des probabilités, par les passions. La chose que l'on craint ou que l'on désire vivement, nous semble, par cela même , plus probable. Son image fortement retracée dans le sensorium, affaiblit l'impression des probabilités contraires, et quelquefois les efface au point de faire croire la chose arrivée. La réflexion et le temps , en diminuant la vivacité de ces sentimens, rendent à l'esprit, le calme nécessaire pour bien apprécier la probabilité des choses.

Les vibrations du sensorium doivent être, comme tous les mouvemens, assujetties aux lois de la Dynamique, et cela est confirmé par l'expérience. Les mouvemens qu'elles impriment au système musculaire, et que ce système communique aux corps étrangers, sont comme dans le développement des ressorts, tels que le centre commun de gravité de notre corps et de ceux qu'il fait mouvoir, reste immobile. Ces vibrations se superposent les unes aux autres, comme on voit les ondulations des fluides, se mêler sans se confondre. Elles se communiquent aux individus, comme les vibrations d'un corps sonore aux corps qui l'environnent. Les idées complexes se forment de leurs idées simples, comme le flux de la mer se compose des flux partiels que produisent le soleil et la lune. L'hésitation entre des motifs opposés, est un équilibre de forces égales. Les changemens brusques que l'on produit dans le sensorium, éprouvent la résistance qu'un système matériel oppose à des changemens semblables ; et si l'on veut éviter les secousses et ne pas perdre de force vive, il faut agir, comme dans ce système, par nuances insensibles. Une attention forte et continue épuise le sensorium, comme une longue suite de commotions épuise une pile voltaïque, ou l'organe électrique des poissons.

Presque toutes les comparaisons que nous tirons des objets matériels, pour rendre sensibles les choses intellectuelles, sont au fond, des identités.

Je désire que les considérations précédentes, tout imparfaites qu'elles sont, puissent attirer l'attention des observateurs philosophes sur les lois du sensorium ou du monde intellectuel, lois qu'il nous importe autant d'approfondir, que celles du monde physique. On a imaginé des hypothèses à peu près semblables, pour expliquer les phénomènes de ces deux mondes. Mais les fondemens de ces hypothèses échappant à tous nos moyens d'observation et de calcul ; on peut à leur égard, dire avec Montaigne, que *l'ignorance et l'incuriosité sont un mol et doux chevet, pour reposer une tête bien faite.*

Des divers moyens d'approcher de la certitude.

L'induction, l'analogie, des hypothèses fondées sur les faits et rectifiées sans cesse par de nouvelles observations, un tact heureux donné par la nature et fortifié par des comparaisons nombreuses de ses indications avec l'expérience ; tels sont les principaux moyens de parvenir à la vérité.

Si l'on considère avec attention, la série des objets de même nature; on aperçoit entre eux, et dans leurs changemens, des rapports qui se manifestent de plus en plus à mesure que la série se prolonge, et qui, en s'étendant et se généralisant sans cesse, conduisent enfin au principe dont ils dérivent. Mais souvent ces rapports sont enveloppés de tant de circonstances étrangères, qu'il faut une grande sagacité pour les démêler et pour remonter à ce principe : c'est en cela que consiste le véritable génie des sciences. L'Analyse et la Philosophie naturelle doivent leurs plus importantes découvertes, à ce moyen fécond que l'on nomme *induction*. Newton lui a été redevable de son théorème du binôme, et du principe de la gravitation universelle. Il est difficile d'apprécier la probabilité des résultats de l'induction qui se fonde sur ce que les rapports les plus simples sont les plus communs : c'est ce qui se vérifie dans les formules de l'Analyse, et ce que l'on retrouve dans les phénomènes naturels, dans la cristallisation, et dans les combinaisons chimiques. Cette simplicité de rapports ne paraîtra point étonnante, si l'on considère que tous les effets de la nature, ne sont que les résultats mathématiques d'un petit nombre de lois immuables.

Cependant l'induction, en faisant découvrir les principes généraux des sciences, ne suffit pas pour les établir en rigueur. Il faut toujours les confirmer par des démonstrations, ou par des expériences décisives : car l'histoire des sciences nous montre que l'induction a quelquefois conduit à des résultats inexacts. Je citerai pour exemple, un théorème de Fermat sur les nombres premiers. Ce grand géomètre qui avait profondément médité sur leur théorie, cherchait une formule qui ne renfermant que des nombres premiers, donnât directement un nombre premier plus grand qu'aucun nombre assignable. L'induction le conduisit à penser que deux, élevé à une puissance qui était elle-même une puissance de deux, formait avec l'unité, un nombre premier. Ainsi deux, élevé au carré, plus un, forme le nombre premier cinq : deux, élevé à la seconde puissance de deux, ou seize, forme avec un, le nombre premier dix-sept. Il trouva que cela était encore vrai pour la huitième et la seizième puissance de deux, augmentées de l'unité ; et cette induction appuyée de plusieurs considérations arithmétiques, lui fit regarder ce résultat comme général. Cependant il avoua qu'il ne l'avait pas démontré. En effet, Euler a reconnu que cela cesse d'avoir lieu pour la trente-deuxième puissance de deux, qui augmentée de l'unité, donne 4294967297, nombre divisible par 641.

Nous jugeons par induction, que si des événemens divers, des mouvemens par exemple, paraissent constamment et depuis long-temps, liés par un rapport simple; ils continueront sans cesse d'y être assujettis; et nous en concluons par la théorie des probabilités, que ce rapport est dû, non au hasard, mais à une cause régulière. Ainsi l'égalité des mouvemens de rotation et de révolution de la lune; celle des mouvemens des nœuds de l'orbite et de l'équateur lunaire, et la coïncidence de ces nœuds; le rapport singulier des mouvemens des trois premiers satellites de Jupiter, suivant lequel la longitude moyenne du premier satellite, moins trois fois celle du second, plus deux fois celle du troisième, est égale à deux angles droits; l'égalité de l'intervalle des marées, à celui des passages de la lune au méridien; le retour des plus grandes marées avec les syzygies, et des plus petites avec les quadratures; toutes ces choses qui se maintiennent depuis qu'on les observe, indiquent avec une vraisemblance extrême, l'existence de causes constantes que les géomètres sont heureusement parvenus à rattacher à la loi de la pesanteur universelle, et dont la connaissance rend certaine, la perpétuité de ces rapports.

Le chancelier Bacon, promoteur si éloquent
de la vraie méthode philosophique, a fait de l'induction, un abus bien étrange, pour prouver
l'immobilité de la terre. Voici comme il raisonne
dans le *Novum Organum*, son plus bel ouvrage.
Le mouvement des astres, d'orient en occident,
est d'autant plus prompt, qu'ils sont plus éloignés
de la terre. Ce mouvement est le plus rapide
pour les étoiles : il se ralentit un peu pour Saturne, un peu plus pour Jupiter, et ainsi de suite,
jusqu'à la lune et aux comètes les moins élevées.
Il est encore perceptible dans l'atmosphère, surtout entre les tropiques, à cause des grands cercles que les molécules de l'air y décrivent; enfin
il est presque insensible pour l'Océan ; il est donc
nul pour la terre. Mais cette induction prouve
seulement que Saturne et les astres qui lui sont
inférieurs ont des mouvemens propres, contraires au mouvement réel ou apparent qui emporte
toute la sphère céleste d'orient en occident, et
que ces mouvemens paraissent plus lents pour
les astres plus éloignés; ce qui est conforme
aux lois de l'Optique. Bacon aurait dû être frappé
de l'inconcevable vitesse qu'il faut supposer aux
astres, pour accomplir leur révolution diurne,
si la terre est immobile, et de l'extrême simplicité avec laquelle sa rotation explique comment

des corps aussi distans les uns des autres, que
les étoiles, le soleil, les planètes et la lune, semblent tous assujettis à cette révolution. Quant à
l'Océan et à l'atmosphère, il ne devait point assimiler leur mouvement à celui des astres, qui sont
détachés de la terre ; au lieu que l'air et la mer
faisant partie du globe terrestre, ils doivent participer à son mouvement ou à son repos. Il est
singulier que Bacon porté aux grandes vues par
son génie, n'ait pas été entraîné par l'idée ma-
jestueuse que le système de Copernic offre de
l'univers. Il pouvait cependant trouver en faveur de ce système, de fortes analogies, dans
les découvertes de Galilée, qui lui étaient connues. Il a donné pour la recherche de la vérité,
le précepte et non l'exemple. Mais en insistant
avec toute la force de la raison et de l'éloquence,
sur la nécessité d'abandonner les subtilités insi-
gnifiantes de l'école, pour se livrer aux observations et aux expériences, et en indiquant la
vraie méthode de s'élever aux causes générales
des phénomènes ; ce grand philosophe a contribué aux progrès immenses que l'esprit humain
a faits dans le beau siècle où il a terminé sa
carrière.

L'analogie est fondée sur la probabilité que
les choses semblables ont des causes du même

genre, et produisent les mêmes effets. Plus la similitude est parfaite, plus cette probabilité augmente. Ainsi nous jugeons sans aucun doute, que des êtres pourvus des mêmes organes, exécutant les mêmes choses, éprouvent les mêmes sensations et sont mus par les mêmes désirs. La probabilité que les animaux qui se rapprochent de nous par leurs organes, ont des sensations analogues aux nôtres, quoiqu'un peu inférieure à celle qui est relative aux individus de notre espèce, est encore excessivement grande ; et il a fallu toute l'influence des préjugés religieux, pour faire penser à quelques philosophes, que les animaux sont de purs automates. La probabilité de l'existence du sentiment décroît, à mesure que la similitude des organes avec les nôtres, diminue ; mais elle est toujours très forte, même pour les insectes. En voyant ceux d'une même espèce, exécuter des choses fort compliquées, exactement de la même manière, de générations en générations et sans les avoir apprises ; on est porté à croire qu'ils agissent par une sorte d'affinité, analogue à celle qui rapproche les molécules des cristaux, mais qui se mêlant au sentiment attaché à toute organisation animale, produit avec la régularité des combinaisons chimiques, des combinaisons beaucoup plus singulières : on pourrait peut-être, nommer *affinité animale,* ce mélange des affinités électives et du sentiment. Quoiqu'il existe beaucoup d'analogie entre l'organisation des plantes et celle des animaux; elle ne me paraît pas cependant suffisante pour étendre aux végétaux, la faculté de sentir; mais rien n'autorise à la leur refuser.

Le soleil faisant éclore par l'action bienfaisante de sa lumière et de sa chaleur, les animaux et les plantes qui couvrent la terre; nous jugeons par l'analogie, qu'il produit des effets semblables sur les autres planètes; car il n'est pas naturel de penser que la matière dont nous voyons l'activité se développer en tant de façons, soit stérile sur une aussi grosse planète que Jupiter qui, comme le globe terrestre, a ses jours, ses nuits et ses années, et sur lequel les observations indiquent des changemens qui supposent des forces très actives. Cependant, ce serait donner trop d'extension à l'analogie, que d'en conclure la similitude des habitans des planètes et de la terre. L'homme fait pour la température dont il jouit, et pour l'élément qu'il respire, ne pourrait pas, selon toute apparence, vivre sur les autres planètes. Mais ne doit-il pas y avoir une infinité d'organisations relatives aux diverses

constitutions des globes de cet univers? Si la
seule différence des élémens et des climats, met
tant de variété dans les productions terres-
tres; combien plus doivent différer celles des
diverses planètes et de leurs satellites! L'imagination la plus active ne peut s'en former aucune idée; mais leur existence est très vraisemblable.

Nous sommes conduits par une forte analogie,
à regarder les étoiles, comme autant de soleils
doués ainsi que le nôtre, d'un pouvoir attrac-
tif proportionnel à la masse et réciproque au
carré des distances. Car ce pouvoir étant démontré pour tous les corps du système solaire,
et pour leurs plus petites molécules; il paraît
appartenir à toute la matière. Déjà, les mouvemens des petites étoiles que l'on a nommées
doubles à cause de leur rapprochement, paraissent l'indiquer : un siècle au plus d'observations précises, en constatant leurs mouvemens de révolution les unes autour des autres,
mettra hors de doute, leurs attractions réciproques.

L'analogie qui nous porte à faire de chaque
étoile, le centre d'un système planétaire, est
beaucoup moins forte que la précédente; mais
elle acquiert de la vraisemblance, par l'hypo-

thèse que nous avons proposée sur la formation des étoiles et du soleil ; car dans cette hypothèse, chaque étoile ayant été comme le soleil, primitivement environnée d'une vaste atmosphère ; il est naturel d'attribuer à cette atmosphère, les mêmes effets qu'à l'atmosphère solaire, et de supposer qu'elle a produit en se condensant, des planètes et des satellites.

Un grand nombre de découvertes dans les sciences, sont dues à l'analogie. Je citerai comme une des plus remarquables, la découverte de l'électricité atmosphérique, à laquelle on a été conduit par l'analogie des phénomènes électriques avec les effets du tonnerre.

La méthode la plus sûre qui puisse nous guider dans la recherche de la vérité, consiste à s'élever par induction, des phénomènes aux lois, et des lois aux forces. Les lois sont les rapports qui lient entre eux les phénomènes particuliers : quand elles ont fait connaître le principe général des forces dont elles dérivent ; on le vérifie soit par des expériences directes, lorsque cela est possible, soit en examinant s'il satisfait aux phénomènes connus ; et si par une rigoureuse analyse, on les voit tous découler de ce principe, jusque dans leurs moindres détails ; si d'ailleurs ils sont très variés et très nombreux ; la science alors acquiert le plus haut degré de certitude et de perfection, qu'elle puisse atteindre. Telle est devenue l'Astronomie, par la découverte de la pesanteur universelle. L'histoire des sciences fait voir que cette marche lente et pénible de l'induction, n'a pas toujours été celle des inventeurs. L'imagination impatiente de remonter aux causes, se plaît à créer des hypothèses; et souvent, elle dénature les faits, pour les plier à son ouvrage : alors, les hypothèses sont dangereuses. Mais quand on ne les envisage que comme des moyens de lier entre eux les phénomènes, pour en découvrir les lois; lorsqu'en évitant de leur attribuer de la réalité, on les rectifie sans cesse par de nouvelles observations; elles peuvent conduire aux véritables causes, ou du moins, nous mettre à portée de conclure des phénomènes observés, ceux que des circonstances données doivent faire éclore.

Si l'on essayait toutes les hypothèses que l'on peut former sur la cause des phénomènes; on parviendrait par voie d'exclusion, à la véritable. Ce moyen a été employé avec succès : quelquefois on est arrivé à plusieurs hypothèses qui expliquaient également bien tous les faits connus, et entre lesquelles les savans se sont partagés, jusqu'à ce que des observations décisives aient fait connaître la véritable. Alors il est intéressant pour l'histoire de l'esprit humain, de revenir sur ces hypothèses, de voir comment elles parvenaient à expliquer un grand nombre de faits, et de rechercher les changemens qu'elles doivent subir, pour rentrer dans celle de la nature. C'est ainsi que le système de Ptolémée, qui n'est que la réalisation des apparences célestes, se transforme dans l'hypothèse du mouvement des planètes autour du soleil; en y rendant égaux et parallèles à l'orbe solaire, les cercles et les épicycles que Ptolémée fait décrire annuellement et dont il laisse la grandeur, indéterminée. Il suffit ensuite, pour changer cette hypothèse dans le vrai système du monde, de transporter en sens contraire, à la terre, le mouvement apparent du soleil.

Il est presque toujours impossible de soumettre au calcul, la probabilité des résultats obtenus par ces divers moyens : c'est ce qui a lieu pareillement pour les faits historiques. Mais l'ensemble des phénomènes expliqués ou des témoignages, est quelquefois tel, que sans pouvoir en apprécier la probabilité, on ne peut raisonnablement se permettre aucun doute à leur égard. Dans les autres cas, il est prudent de ne les admettre qu'avec beaucoup de réserve.

Notice historique sur le Calcul des Probabilités.

Depuis long-temps, on a déterminé dans les jeux les plus simples, les rapports des chances favorables ou contraires aux joueurs : les enjeux et les paris étaient réglés d'après ces rapports. Mais personne avant Pascal et Fermat, n'avait donné des principes et des méthodes pour soumettre cet objet au calcul, et n'avait résolu des questions de ce genre, un peu compliquées. C'est donc à ces deux grands géomètres qu'il faut rapporter les premiers élémens de la science des probabilités, dont la découverte peut être mise au rang des choses remarquables qui ont illustré le XVIIe siècle, celui de tous qui fait le plus d'honneur à l'esprit humain. Le principal problème qu'ils résolurent par des voies différentes, consiste, comme on l'a vu précédemment, à partager équitablement l'enjeu, entre des joueurs dont les adresses sont égales, et qui conviennent de quitter une partie, avant qu'elle finisse ; la condition du jeu étant que pour gagner la partie, il faut atteindre, le premier, un nombre donné de points différent pour chacun des joueurs. Il est clair que le partage doit se faire proportionnellement aux probabilités respectives des joueurs, de

gagner cette partie , probabilités dépendantes des
nombres de points qui leur manquent encore.
La méthode de Pascal est fort ingénieuse, et n'est
au fond, que l'équation aux différences partielles
de ce problème, appliquée à déterminer les probabilités successives des joueurs, en allant des
nombres les plus petits aux suivans. Cette méthode est limitée au cas de deux joueurs : celle
de Fermat, fondée sur les combinaisons, s'étend
à un nombre quelconque de joueurs. Pascal crut
d'abord qu'elle était comme la sienne, restreinte
à deux joueurs; ce qui établit entre eux une discussion à la fin de laquelle Pascal reconnut la généralité de la méthode de Fermat.

Huygens réunit les divers problèmes que l'on
avait déjà résolus, et en ajouta de nouveaux,
dans un petit Traité, le premier qui ait paru sur
cette matière, et qui a pour titre , *De Ratioci-
niis in ludo aleæ.* Plusieurs géomètres s'en occu-
pèrent ensuite : Hudde, le grand pensionnaire
Witt en Hollande, et Halley en Angleterre,
appliquèrent le calcul aux probabilités de la vie
humaine; et Halley publia pour cet objet, la
première table de mortalité. Vers le même temps,
Jacques Bernoulli proposa aux géomètres, divers problèmes de probabilité dont il donna depuis, des solutions. Enfin il composa son bel

ouvrage intitulé, *Ars conjectandi*, qui ne parut que sept ans après sa mort arrivée en 1706. La science des probabilités est beaucoup plus approfondie dans cet ouvrage, que dans celui d'Huygens : l'auteur y donne une théorie générale des combinaisons et des suites, et l'applique à plusieurs questions difficiles, concernant les hasards. Cet ouvrage est encore remarquable par la justesse et la finesse des vues, par l'emploi de la formule du binôme dans ce genre de questions, et par la démonstration de ce théorème, savoir, qu'en multipliant indéfiniment les observations et les expériences ; le rapport des évènemens de diverses natures, approche de celui de leurs possibilités respectives, dans des limites dont l'intervalle se resserre de plus en plus, à mesure qu'ils se multiplient, et devient moindre qu'aucune quantité assignable. Ce théorème est très utile pour reconnaître par les observations, les lois et les causes des phénomènes. Bernoulli attachait avec raison, une grande importance à sa démonstration qu'il dit avoir méditée pendant vingt années.

Dans l'intervalle de la mort de Jacques Bernoulli, à la publication de son ouvrage ; Montmort et Moivre firent paraître deux traités sur le calcul des probabilités. Celui de Montmort a pour titre, *Essai sur les Jeux de hasard*, il contient de nombreuses applications de ce calcul, aux divers jeux. L'auteur y a joint dans la seconde édition, quelques lettres dans lesquelles Nicolas Bernoulli donne des solutions ingénieuses, de plusieurs problèmes difficiles. Le traité de Moivre, postérieur à celui de Montmort, parut d'abord dans les Transactions Philosophiques de l'année 1711. Ensuite l'auteur le publia séparément, et il l'a perfectionné successivement dans les trois éditions qu'il en a données. Cet ouvrage est principalement fondé sur la formule du binôme; et les problèmes qu'il contient, ont, ainsi que leurs solutions, une grande généralité. Mais ce qui le distingue, est la théorie des suites récurrentes et leur usage dans ces matières. Cette théorie est l'intégration des équations linéaires aux différences finies à coefficiens constans, intégration à laquelle Moivre parvient d'une manière très heureuse.

Moivre a repris dans son ouvrage, le théorème de Jacques Bernoulli sur la probabilité des résultats déterminés par un grand nombre d'observations. Il ne se contente pas de faire voir, comme Bernoulli, que le rapport des évènemens qui doivent arriver, approche sans cesse de celui de leurs possibilités respectives; il donne de plus,

une expression élégante et simple de la probabilité que la différence de ces deux rapports, est
contenue dans des limites données. Pour cela,
il détermine le rapport du plus grand terme du
développement d'une puissance très élevée du
binôme, à la somme de tous ses termes; et le
logarithme hyperbolique de l'excès de ce terme,
sur les termes qui en sont très voisins. Le plus grand
terme étant alors le produit d'un nombre considérable de facteurs; son calcul numérique devient impraticable. Pour l'obtenir par une approximation convergente, Moivre fait usage d'un
théorème de Stirling sur le terme moyen du
binôme élevé à une haute puissance, théorème
remarquable, surtout en ce qu'il introduit la racine
carrée du rapport de la circonférence au rayon,
dans une expression qui semble devoir être étran-
gère à cette transcendante. Aussi Moivre fut-il
extrêmement frappé de ce résultat que Stirling
avait déduit de l'expression de la circonférence
en produits infinis, expression à laquelle Wallis
était parvenu par une singulière analyse qui contient le germe de la théorie si curieuse et si utile
des intégrales définies.

Plusieurs savans parmi lesquels on doit distinguer Deparcieux, Kersseboom, Wargentin,
Dupré de Saint-Maure, Simpson, Sussmilch;

Messène, Moheau, Price, Baily et Duvillard, ont réuni un grand nombre de données précieuses, sur la population, les naissances, les mariages et la mortalité. Ils ont donné des formules et des tables relatives aux rentes viagères, aux tontines, aux assurances, etc. Mais dans cette courte notice, je ne puis qu'indiquer ces travaux utiles, pour m'attacher aux idées originales. De ce nombre, est la distinction des espérances mathématique et morale, et le principe ingénieux que Daniel Bernoulli a donné pour soumettre celle-ci à l'analyse. Telle est encore l'application heureuse qu'il a faite du calcul des probabilités, à l'inoculation. On doit surtout, placer au nombre de ces idées originales, la considération directe des possibilités des évènemens, tirées des évènemens observés. Jacques Bernoulli et Moivre supposaient ces possibilités, connues ; et ils cherchaient la probabilité que le résultat des expériences à faire, approchera de plus en plus de les représenter. Bayes, dans les Transactions Philosophiques de l'année 1763, a cherché directement la probabilité que les possibilités indiquées par des expériences déjà faites, sont comprises dans des limites données ; et il y est parvenu d'une manière fine et très ingénieuse, quoiqu'un peu embarrassée. Cet objet se rattache à la théorie

de la probabilité des causes et des évènemens
futurs, conclue des évènemens observés ; théorie
dont j'exposai quelques années après, les principes, avec la remarque de l'influence des inégalités qui peuvent exister entre les chances que
l'on suppose égales. Quoique l'on ignore quels
sont les évènemens simples que ces inégalités
favorisent ; cependant cette ignorance même accroît souvent, la probabilité des évènemens
composés.

En généralisant l'Analyse et les problèmes concernant les probabilités, je fus conduit au calcul
des différences finies partielles que Lagrange a
traité depuis, par une méthode fort simple, et
dont il a fait d'élégantes applications à ce genre
de problèmes. La théorie des fonctions génératrices, que je donnai vers le même temps, com-
prend ces objets parmi ceux qu'elle embrasse,
et s'adapte d'elle-même et avec la plus grande
généralité, aux questions de probabilité les
plus difficiles. Elle détermine encore par des
approximations très convergentes, les valeurs
des fonctions composées d'un grand nombre de
termes et de facteurs ; et en faisant voir que la
racine carrée du rapport de la circonférence au
rayon entre le plus souvent dans ces valeurs,

elle montre qu'une infinité d'autres transcendantes peuvent s'y introduire.

On a encore soumis au calcul des probabilités les témoignages, les votes et les décisions des assemblées électorales et délibérantes, et les jugemens des tribunaux. Tant de passions, d'intérêts divers et de circonstances compliquent les questions relatives à ces objets, qu'elles sont presque toujours insolubles. Mais la solution de problèmes plus simples, et qui ont avec elles beaucoup d'analogie, peut souvent répandre sur ces questions difficiles et importantes, de grandes lumières que la sûreté du calcul rend toujours préférables aux raisonnemens les plus spécieux.

L'une des plus intéressantes applications du calcul des probabilités, concerne les milieux qu'il faut choisir entre les résultats des observations. Plusieurs géomètres s'en sont occupés ; et Lagrange a publié dans les Mémoires de Turin, une belle méthode pour déterminer ces milieux, quand la loi des erreurs des observations est connue. J'ai donné pour le même objet, une méthode fondée sur un artifice singulier qui peut être employé avec avantage dans d'autres questions d'analyse, et qui en permettant d'étendre indéfiniment dans tout le cours d'un

long calcul, des fonctions qui doivent être limi-
tées par la nature du problème, indique les modifications que chaque terme du résultat final
doit recevoir en vertu de ces limitations. On a
vu précédemment, que chaque observation fournit une équation de condition, du premier degré,
qui peut toujours être disposée de manière que
tous ses termes soient dans le premier membre,
le second étant zéro. L'usage de ces équations
est une des causes principales de la grande précision de nos tables astronomiques; parce que
l'on a pu ainsi faire concourir un nombre immense d'excellentes observations, à la fixation
de leurs élémens. Lorsqu'il n'y a qu'un seul
élément à déterminer, Côtes avait prescrit de
préparer les équations de condition, de sorte
que le coefficient de l'élément inconnu fût positif
dans chacune d'elles; et d'ajouter ensuite toutes
ces équations, pour former une équation finale
d'où l'on tire la valeur de cet élément. La règle
de Côtes fut suivie par tous les calculateurs. Mais
quand il fallait déterminer plusieurs élémens;
on n'avait aucune règle fixe pour combiner les
équations de condition, de manière à obtenir
les équations finales nécessaires : seulement, on
choisissait pour chaque élément, les observations les plus propres à le déterminer. Ce fut

pour obvier à ces tâtonnemens, que MM. Legendre et Gauss imaginèrent d'ajouter les carrés des premiers membres des équations de condition, et d'en rendre la somme un *minimum*, en y faisant varier chaque élément inconnu : par ce moyen, on obtient directement autant d'équations finales, qu'il y a d'élémens. Mais les valeurs déterminées par ces équations, méritent-elles la préférence sur toutes celles que l'on peut obtenir par d'autres moyens? C'est ce que le calcul des probabilités pouvait seul apprendre. Je l'appliquai donc à cet objet important, et je parvins par une analyse délicate, à une règle qui renferme la précédente, et qui réunit à l'avantage de donner par un procédé régulier, les élémens cherchés, celui de les faire sortir avec le plus d'évidence, de l'ensemble des observations, et d'en déterminer les valeurs qui ne laissent à craindre que les plus petites erreurs possibles.

On n'a cependant encore, qu'une connaissance imparfaite des résultats obtenus, tant que la loi des erreurs dont ils sont susceptibles, n'est pas connue : il faut pouvoir assigner la probabilité que ces erreurs sont contenues dans des limites données; ce qui revient à déterminer ce que j'ai nommé *poids* d'un résultat. L'Analyse conduit à des formules générales et simples pour cet objet.

J'ai appliqué cette Analyse, aux résultats des observations géodésiques. Le problème général consiste à déterminer les probabilités que les valeurs d'une ou de plusieurs fonctions linéaires des erreurs d'un très grand nombre d'observations, sont renfermées dans des limites quelconques.

La loi de possibilité des erreurs des observations, introduit dans les expressions de ces probabilités, une constante dont la valeur semble exiger la connaissance de cette loi presque toujours inconnue. Heureusement, cette constante peut être déterminée par les observations mêmes. Dans la recherche des élémens astronomiques, elle est donnée par la somme des carrés des différences entre chaque observation et le calcul. Les erreurs également probables étant proportionnelles à la racine carrée de cette somme; on peut par la comparaison de ces carrés, apprécier l'exactitude relative des diverses tables d'un même astre. Dans les opérations géodésiques, ces carrés sont remplacés par les carrés des erreurs des sommes observées des trois angles de chaque triangle. La comparaison des carrés de ces erreurs, fera donc juger de la précision relative des instrumens avec lesquels on a mesuré les angles. On voit par cette comparaison, l'avantage du cercle répétiteur, sur les instrumens qu'il a remplacés dans la Géodésie.

Il existe souvent dans les observations, plusieurs sources d'erreurs : ainsi les positions des astres étant déterminées au moyen de la lunette méridienne et du cercle, tous deux susceptibles d'erreurs dont la loi de probabilité ne doit pas être supposée la même; les élémens que l'on déduit de ces positions, sont affectés de ces erreurs. Les équations de condition que l'on forme pour avoir ces élémens, contiennent les erreurs de chaque instrument et elles y ont des coefficiens différens. Le système le plus avantageux des facteurs par lesquels on doit multiplier respectivement ces équations, pour obtenir par la réunion des produits, autant d'équations finales qu'il y a d'élémens à déterminer, n'est plus alors celui des coefficiens des élémens dans chaque équation de condition. L'analyse dont j'ai fait usage, conduit facilement, quel que soit le nombre des sources d'erreur, au système de facteurs qui donne les résultats les plus avantageux ou dans lesquels une même erreur est moins probable que dans tout autre système. La même analyse détermine les lois de probabilité des erreurs de ces résultats. Ces formules renferment autant de constantes inconnues, qu'il y a de sources d'erreur, et qui dépendent des lois de probabilité de ces erreurs. On a vu que dans le cas d'une source unique, on peut déterminer cette constante, en formant la somme des carrés des résidus de chaque équation de condition, lorsqu'on y a substitué les valeurs trouvées pour les élémens. Un procédé semblable donne généralement, les valeurs de ces constantes, quelque soit leur nombre ; ce qui complète l'application du calcul des probabilités aux résultats des observations.

Je dois ici faire une remarque importante. La petite incertitude que les observations, quand elles ne sont pas très multipliées, laissent sur les valeurs des constantes dont je viens de parler, rend un peu incertaines les probabilités déterminées par l'analyse. Mais il suffit presque toujours de connaître si la probabilité que les erreurs des résultats obtenus sont renfermées dans d'étroites limites, approche extrêmement de l'unité ; et quand cela n'est pas, il suffit de savoir jusqu'à quel point on doit multiplier les observations ; pour acquérir une probabilité telle, qu'il ne reste sur la bonté des résultats, aucun doute raisonnable. Les formules analytiques des probabilités remplissent parfaitement cet objet; et sous ce rapport, elles peuvent être envisagées comme le complément nécessaire des sciences fondées sur un ensemble d'observations susceptibles d'erreur. Elles sont même indispensables pour résoudre un grand nombre de questions dans les sciences naturelles et morales. Les causes régulières des phénomènes sont le plus souvent, ou inconnues, ou trop compliquées pour être soumises au calcul : souvent encore leur action est troublée par des causes accidentelles et irrégulières ; mais elle reste toujours empreinte dans les évènemens produits par toutes ces causes, et elle y apporte des modifications qu'une longue suite d'observations peut déterminer. L'Analyse des probabilités développe ces modifications : elle assigne la probabilité de leurs causes, et elle indique les moyens d'accroître de plus en plus cette probabilité. Ainsi au milieu des causes irrégulières qui agitent l'atmosphère ; les changemens périodiques de la chaleur solaire, du jour à la nuit, et de l'hiver à l'été, produisent dans la pression de cette grande masse fluide, et dans la hauteur correspondante du baromètre, des oscillations diurnes et annuelles que de nombreuses observations barométriques ont fait connaître avec une probabilité au moins égale à celle des faits que nous regardons comme certains. C'est encore ainsi que la série des évènemens historiques nous montre l'action constante des grands principes de la morale, au milieu des passions et des intérêts divers qui agitent en tous sens, les sociétés. Il est remarquable qu'une science qui a commencé par la considération des jeux, se soit élevée aux plus importans objets des connaissances humaines.

J'ai rassemblé toutes ces méthodes, dans ma *Théorie analytique des Probabilités*, où je me suis proposé d'exposer de la manière la plus générale, les principes et l'Analyse du Calcul des Probabilités, ainsi que les solutions des problèmes les plus intéressans et les plus difficiles que ce calcul présente.

On voit par cet Essai, que la théorie des probabilités n'est au fond, que le bon sens réduit au calcul : elle fait apprécier avec exactitude, ce que les esprits justes sentent par une sorte d'instinct, sans qu'ils puissent souvent s'en rendre compte. Elle ne laisse rien d'arbitraire dans le choix des opinions et des partis à prendre, toutes les fois que l'on peut, à son moyen, déterminer le choix le plus avantageux. Par là, elle devient le supplément le plus heureux, à l'ignorance et à la faiblesse de l'esprit humain. Si l'on considère les méthodes analytiques auxquelles cette théorie a donné naissance, la vérité des principes qui lui servent de base, la logique fine et délicate qu'exige leur emploi dans la solution des problèmes, les établissemens d'utilité publique qui s'appuient sur elle, et l'extension qu'elle a reçue et qu'elle peut recevoir encore, par son application aux questions les plus importantes de la Philosophie naturelle et des sciences morales; si l'on observe ensuite, que dans les choses mêmes qui ne peuvent être soumises au calcul, elle donne les aperçus les plus sûrs qui puissent nous guider dans nos jugemens, et qu'elle apprend à se garantir des illusions qui souvent nous égarent; on verra qu'il n'est point de science plus digne de nos méditations, et qu'il soit plus utile de faire entrer dans le système de l'instruction publique.

FIN.